VALUE TRANSITION
THE PRACTICE OF
DATA ASSETIZATION

价值跃迁

数据资产化实践

主　编◎尚进

副主编◎田强　胡杨　夏珺峥

北京

图书在版编目（CIP）数据

价值跃迁：数据资产化实践 / 尚进主编. -- 北京：法律出版社，2024. -- ISBN 978-7-5197-9216-9

Ⅰ. TP274

中国国家版本馆 CIP 数据核字第 2024TH3418 号

价值跃迁:数据资产化实践
JIAZHI YUEQIAN:SHUJU ZICHANHUA SHIJIAN

主　编 尚　进
副主编 田　强　胡　杨　夏珺峥

责任编辑 陶玉霞
装帧设计 鲍龙卉

出版发行 法律出版社
编辑统筹 法规出版分社
责任校对 张红蕊
责任印制 耿润瑜
经　　销 新华书店

开本 710 毫米×1000 毫米　1/16
印张 18　　**字数** 260 千
版本 2024 年 7 月第 1 版
印次 2024 年 7 月第 1 次印刷
印刷 三河市兴达印务有限公司

地址:北京市丰台区莲花池西里 7 号(100073)
网址:www.lawpress.com.cn
投稿邮箱:info@lawpress.com.cn
举报盗版邮箱:jbwq@lawpress.com.cn

销售电话:010-83938349
客服电话:010-83938350
咨询电话:010-63939796

书号:ISBN 978-7-5197-9216-9　　**定价**:70.00 元

凡购买本社图书,如有印装错误,我社负责退换。电话:010-83938349

本书编委会

顾　问

周宏仁　杜　平　王金平　李　平　丁文锋

主　编

尚　进

副主编

田　强　胡　杨　夏珺峥

编委会成员

（以姓氏字母拼音排序）

阿拉木斯　毕文强　陈幸芳　戴　伟　李鸿飞
李　扬　李祖义　柳学信　倪春洋　潘鹏飞
乔聪军　屈庆超　孙国生　王杰伟　王梦凡
向海龙　肖敬仁　张　韬　赵宝华　朱承亮

序　言

随着互联网、物联网、云计算、大数据、人工智能等数字技术的迅猛发展，数据的生成速度和规模前所未有。

现阶段，在全球范围内，企业正经历从传统模式向数字化模式的转变。数字化转型不仅要求企业提升信息技术的应用水平，更关键的是要实现数据的整合、分析与应用，将数据转化为决策支持和业务创新的核心驱动力。与此同时，在高度竞争的市场环境中，企业只有更加精准地理解市场需求、优化产品和服务，才能更加有效地提高运营效率，进而实现更高的盈利目标。

从一般性规律上看，企业在日常运营中往往会积累大量数据，这些数据中蕴含着对市场趋势、用户行为、业务优化等极具价值的信息，只有通过深刻且系统地挖掘这些信息的价值，才有可能深入推进企业数字化转型，助力数字经济发展。

在这一过程中，数据资产化是核心关键，通过有效地管理数据资产，企业能够识别运营中的瓶颈和低效环节，实施精细化管理。例如，通过分析生产流程、供应链或客户服务的数据，企业可以优化流程、降低成本并提升客户满意度。

此外，数据资产化能促使企业发掘数据中蕴含的新商机，开发基于数据的产品和服务。例如，通过分析用户行为数据，企业可以发现新的市场需求，从而推出个性化推荐、增值服务或全新的数字产品线。总体来说，数据资产化可以被理解为企业数字化转型的基石，它不仅提升了企业内部的运营效率和决策质量，还为企业开辟了新的增长路径，增强了对外部环境变化的适应能力和创新能力。

随着数据重要性的日益凸显，全球各国政府开始出台相关政策和法规，鼓励数据的开放共享和商业化利用，然而，由于发展阶段的不同，各国在数据资产化方面的政策也展现出了多样性。虽然美国没有全国统一的数据保护法律，但各州纷纷行动，如加州通过了《加州消费者隐私法》（CCPA），对个人数据保护提出了要求。与此同时，美国政府也在积极讨论如何更好地促进数据的流动、共享和保护，通过更加有效地激发数据价值来支持数字经济发展。在亚洲，如日本和韩国，在数据治理和数据资产化方面都采取了积极措施。例如，日本通过了《个人信息保护法》并推行数据驱动的社会5.0战略，强调数据在社会经济发展中的核心作用。韩国则是在通过落实《个人信息保护法》和《信用信息使用及保护法》同时推动数据开放和共享平台的建设。印度政府也通过了《个人数据保护法案》草案，旨在规范数据处理活动，保护个人数据权利，并促进数据经济的发展。总体来看，世界各国的政策都普遍倾向于平衡数据的开发利用与个人隐私保护，同时推动数据的开放共享，促进数据要素市场的健康发展。值得注意的是，这些政策仍在不断演进中，以适应技术进步和经济发展的新需求。

近年来，我国在数据资产化方面不断探索，并且取得了显著进展。由于实际国情的不同，我国推动数据资产化发展更多是希望将数据转化为生产力，通过数字经济发展，加快形成新质生产力。

“十四五”规划从多个维度全面布局了数据资产化的战略方向、实施路径和治理框架，旨在促进数据资源向数据资产的有效转化，驱动经济社会的高质量发展。规划强调了数据已成为现阶段国家经济发展的最关键资源之一，突显了数据资产在新时代经济体系中的核心地位。2022年12月，中共中央、国务院出台了《关于构建数据基础制度更好发挥数据要素作用的意见》（“数据二十条”），在数据产权、流通交易、收益分配、安全治理等方面构建了数据基础制度，为数据资产化奠定了政策基石。2023年以来，财政部发布了一系列文件，随着2024年1月1日起《企业数据资源相关会计处理暂行规定》的正式施行，数据资产入表政策正式落地，体现了国家层面对数据资产价值的认可。与此同时，财政部印发的《关于加强数据资产管理的指导意见》中则明确了数据资产的开发利用、价值评估、收益分配、信息披露等方面的管理规范，以及数据资产入表的具体要求，标志着数据资产化迈出了实质性的步伐，从多方面指导企业加强数据资产管理。此外，我国在推动数据资产化的同时，也十分重视数据安全和隐私保护，力求在合法合规的前提下激活数据要素的潜能。

在此背景下，全国多个省市积极响应国家号召，开展数据要素市场化配置综合改革试点工作，如北京、上海等地积极探索数据交易市场建设、数据确权、价值评估等机制，形成了若干可复制推广的经验做法。其他地区，如广东省积极推进数据要素市场化配置改革，探索建立数据资源确权、流通、交易、应用等规则体系，支持数据交易平台建设。浙江省出台了首个省级地方标准，旨在规范数据资产化管理流程，加速推进数据要素市场化配置，为数据资产的评估、交易等提供依据。这些省市的政策通常涵盖数据确权、数据流通交易、数据安全、数据资产评估与登记等多个方面，旨在建立健全数据要素市场体系，促进数据资源向资产、资本转化，为当地数字经济注入活力。随着数据资产化政策的不断细化和落实，预计会有更多省市加入这一行列中。

与此同时，中央政府也十分鼓励各级党政机关、企事业单位管好用好公共数据资产，通过制定针对性规定，促进公共数据的开放共享和开发利用，以提升公共服务效能和促进社会治理现代化。例如，在资产管理体系构建方面，鼓励各级机关和单位将持有的公共数据资源作为资产纳入资产管理，并要求相关主体部门识别、评估和记录这些数据资产，确保数据资源的有效管理和价值最大化。在市场机制建设方面，推动构建“市场主导、政府引导、多方共建”的数据资产治理模式，引导金融机构和社会资本投资数据资产领域，通过设立数据交易所、完善数据交易规则等手段，建立健全数据要素市场，促进数据资产的流通与交易。通过这些综合性措施，中央政府旨在营造一个有利于数据资产化发展的良好环境，在促进数据资源有效利用的同时，为我国数据要素市场的培育和数字经济高质量发展提供坚实的基础。

综上所述，很明显，在数字时代，数据已经成为经济增长的关键动力之一，是驱动数字经济发展的核心生产要素，而数据资产化则是释放数据要素价值的重要方式。要充分发挥数据潜力，加快推进我国数据资产化进程，必须首先系统了解数据资产化的实质内涵、逻辑成因及演进方向，并在此基础上探讨如何准确估算数据的价值问题，这对正处于数字经济和科技创新快速发展阶段的我国尤为重要，对促进数据资产定价、交易和流通，丰富和拓展数据资产应用场景，激活和完善数据要素市场，以及提高数据基础制度建设质量具有重要意义。这也是我们历经半年时间研究并撰写本书的关键意义之所在。

全书以数据资产化为核心主题，系统探讨了这一宏大命题的背景、政策、治理、实践和展望。

整体上，全书共分为五个部分，二十个章节，内容层层递进、逻辑环环相扣，逐步展开对数据资产化的多维度解析。其中，第一部分“数字黎明”篇是全书的背景篇。第 1 章和第 2 章分别从历史纵深和宏观视角，揭示了数据资产在新一轮科技革命和产业变革中的核心地位，为全书议题展开奠定了时代背景。第 3 章则阐述了如何通过数据盘活传统要素、重塑生产关系。第 4 章进一步指出数据资产化需遵循“资产化、资本化、产业化”的基本逻辑，二者共同为破题数据价值释放提供理论视角。

第二部分“制度规则”篇重点聚焦数据治理的顶层设计。第 5 章剖析了数据资产化中保护数据主权与促进数据流动的平衡。第 6 章回顾了我国数据治理法律政策的演进历程。第 7 章则指出，数据分类分级是落实法律要求、提升治理精准性的关键抓手。第 8 章展望了面向未来的数据治理政策需更具前瞻性、协调性和包容性。本部分在厘清数据治理关键议题的基础上，对标国际经验，系统勾勒出数据资产化的法律政策图景。

第三部分“多元共治”篇转向了对于治理实践的关注。第9章总结了数据治理面临的复杂性挑战。第10章和第11章则分别围绕产权界定和隐私保护两个核心议题，提出了基于数据特性制定差异化规则，以及加强技术创新和制度建设并举的思路。第12章进一步指出，数据资产化需要社会多元主体共同参与，并对政府、企业、个人的角色进行了分析。本部分立足中国实践，为应对数据治理难题、推动多方协同治理提供了行动指南。

第四部分“应用舞台”篇，将带领读者走进数据资产化的生动实践。第13章和第14章聚焦工业和农业领域，展现了数据如何助力传统产业转型升级。第15章则探讨了数据驱动的精准服务在交通、医疗等公共服务领域的创新实践。第16章则进一步分析了城市数据的汇聚共享如何驱动智慧城市的纵深发展。本部分通过一系列最新案例的具体实践展示，生动诠释了数据资产化成为驱动经济高质量发展、社会精细化治理的重要抓手。

第五部分“未来光谱”篇着眼未来发展。第17章和第18章分别分析了人工智能、量子技术对数据资产化的推动作用，以及应对数据伦理困局的思考。第19章重点关注数据将如何深度重塑生产关系，成为驱动跨界融合和产业创新的关键力量。第20章则聚焦数据素养，强调全民数据教育是智慧社会的压舱石。本部分放眼未来，前瞻性地展望了数据资产化引领生产力变革、催生新型生产关系的图景，描绘了一幅数据驱动美好生活的宏伟愿景。

本书从整体时代背景出发，在梳理数据资产化理论逻辑的基础上，系统探讨了其法律政策、治理实践、应用场景及未来趋势，既从战略高度思考数据资产化的方向，又从实践维度指导数据资产化的路径，为读者全面把握数据价值化的宏大图景提供了系统框架，也为全社会共同推进数据资产化变革注入了智识动力。

衷心期望本书能够对广大关注我国数字经济发展并且正在致力于推动

数据资产化实践等相关领域的读者们有所裨益。

最后，特别感谢以潘鹏飞、戴伟和乔聪军等为核心的中国信息界发展研究院项目团队对本书策划及内容统筹等方面所作的努力。期待未来能够携手更多力量，为我国数据资产化进程贡献智慧。

尚　进

2024 年 6 月 7 日于北京

目 录

第一部分 数字黎明（背景篇）

第二部分 制度规则（政策篇）

第三部分 多元共治（治理篇）

第四部分 应用舞台（实践篇）

第五部分 未来光谱（展望篇）

第一部分 数字黎明（背景篇）

在浩瀚的数据长河中，资产化是数据价值变现的关键环节。数据资产化，意味着数据不再是冰冷的字节，而是蕴藏着巨大价值的数字黄金。这场数据盛宴的背后，是数字技术迅猛发展所引发的，也是社会经济发展到一定阶段的必经之路。纵观人类文明史，从结绳记事到算盘运算，从纸质存档到电子数据库，效率的提升伴随着规模的扩张。如今，以云计算、大数据、人工智能、区块链为代表的新一代信息技术，正在重新定义数据的内涵、价值和应用场景，让数据这块价值密度更高的“数字金矿”绽放出夺目光彩。

然而，单单拥有海量数据是不够的。只有当数据真正“活”起来，融入生产流通的每个环节，释放出数据价值，这才是数据资产化的题中之义。对此，我们须先回答“数据如何成为资产”这一根本问题。传统的会计准则告诉我们，一项资源要成为资产，必须符合可辨认性、可计量性、相关性和可靠性等特征。数据要成为真正意义上的资产，同样需要厘清权属、评估价值、流通交易。唯其如此，才能撬动万亿数据要素市场。

“数字黎明”恰是一个绝佳的注脚。它揭示了数据资产化的客观趋势，阐明了全社会开启数据价值变现的迫切需求。同时，“数字黎明”也没有回避数据资产化征途上的荆棘。事实上，要真正实现数据资产化，仍面临诸多挑战：底层技术如何突破？数据权属如何界定？隐私保护与数据开放如何平衡？这些都需要在发展中破题、在探索中前行。“黎明尚早，唯奋斗不辍。”“数字黎明”为我们带来了迈向数据资产化的曙光，更吹响了全面迎接大数据时代的号角。

第 1 章

激荡中的世界：数据的力量

在人类文明的宏伟长卷中，数据的轨迹如同织就的密集纹理，记录着知识的积累与智慧的火花。从早期的羊皮纸到如今的云端数据库，每一次技术的飞跃不仅代表着信息记录方式的革新，更象征着人类对未知世界探索能力的极大扩展。在这个数字化的时代，数据已经超越了简单的数字和文字，成为驱动全球经济、塑造社会结构、引领科技创新的关键力量。

1.1 数据从阴影到聚光灯

在历史的长河中，数据的崛起象征着人类智慧与创新精神的无限可能。从羊皮纸上精心勾勒的古老文字符号，到云端技术中以光速传输的数字信息，每一步进展都不仅仅是技术的革新，更是人类文明进步的见证。这段旅程，充满了对知识渴望与追求的故事，展现了人类如何通过不断地探索与改进，将信息的记录、存储和共享推向了新的高度。

羊皮纸上的智慧

在人类文明的发展史上，手工记录时代是信息和知识传递方式的早期阶段。从古代文明使用泥板、纸莎草纸到中世纪普遍使用的羊皮纸，每一次材料和技术的更新换代都深刻反映了人类对于记录、保存和传承知识的不懈追求。

羊皮纸，因其耐久性及优异的保存条件，成为手工记录时代最为显著的象征。这种材料的加工过程既烦琐又艰苦，需要通过复杂的步骤将动物皮肤转化为可书写的“纸张”。尽管制作成本高昂，但羊皮纸的使用极大地提高了文献的保存年限，让许多珍贵的宗教、科学和文学作品流传至今。

然而，手工记录方式的局限性随着社会的进步和需求的增长逐渐显现。首先，手工复制文献的方式效率极低，且难以避免复制过程中的错误累积。其次，手工记录材料的脆弱性，限制了其在长时间跨度上的稳定性。更重要的是，手工记录的成本和复制难度，限制了知识传播的广度和速度，使教育和学问的普及受到了较大的约束。

印刷术的发明，特别是古腾堡印刷机的出现，标志着人类记录和传播信息和知识的方式出现了重大转变。这一革新技术的出现，不仅极大提高了书籍生产的效率，降低了成本，也使文化和文明的广泛传播成为可能。随后，纸张的广泛使用替代了成本更高的羊皮纸，进一步促进了印刷技术的普及和发展。这一时期，信息和知识的存储和检索方式也开始向更为高效、经济的方向演进，为后续数字化时代的到来奠定了基础。

■ 打孔卡片到磁带的革命

19 世纪末到 20 世纪初，随着第二次工业革命的发生以及大规模行政管理需求的急剧增加，传统手工记录的方法显然已经无法满足日益增长的信息和知识处理需求。这一时期，信息处理技术的发展也出现了从机械到电子时代的重大转变。赫尔曼 · 何乐礼（Herman Hollerith）的打孔卡片系统是这一时代变革的先驱。何乐礼在 19 世纪 80 年代观察到火车售票员为乘客打孔的方式后灵感涌现，设计了使用打孔卡片记录信息的制表机。这种制表机利用打孔卡片自动记录信息，显著提高了信息处理的速度和准确性。在 1890 年的美国人口普查中，这项技术大幅缩短了信息处理时间，从而验证了机械化信息处理的有效性。

随着相关技术的不断进步，20 世纪 30 年代，磁带的发明进一步加速了从机械向电子信息存储的过渡。德国工程师弗里茨·普弗勒默（Fritz Pfleumer）在 1928 年发明了磁带技术。这一技术采用铁氧体粉末涂覆在薄薄的纸带上，能够以磁性形式记录信息和知识。这种存储介质的出现，为信息和知识的长期存储和迅速检索提供了前所未有的便利性和效率。此外，磁带技术的发展催生了后来的软盘和硬盘驱动器技术的发展，为数字信息存储奠定了基础。

到了 20 世纪 60 年代，随着电子计算机的发展，信息和知识的存储和处理技术又迎来了新的飞跃。埃德加·科德（Edgar F. Codd）在当时提出的关系数据库模型，改变了数据组织和检索的方式。关系数据库通过表格形式存储信息，每行代表一个数据记录，每列代表一个数据字段，这种结构化的数据存储方式极大地提高了信息和知识管理的效率和灵活性。科德的关系数据库理论为后来数据库管理系统的发展奠定了理论基础，成为今天大多数数据库系统的核心。

这场从机械到电子的转变，不仅仅是技术上的飞跃，更是人类处理和利用信息方式的根本改变。从何乐礼的打孔卡片到普弗勒默的磁带，再到科德的关系数据库，每一项创新都在推动社会进步，使数据的收集、存储、处理和分析变得更加高效、精确。这些技术的发展为现代信息技术的爆炸性增长奠定了基础，开启了数字化时代的大门，极大地拓宽了人类对信息和知识的掌控能力。

从数字化存储到云端存储

进入网络时代，数字化存储开始转向云端存储，这一飞跃性变革不仅彻底改变了我们处理和存储信息和知识的方式，也重新定义了信息共享和访问的概念。随着互联网的普及和信息量的爆炸性增长，传统的数据存储方法开始显得力不从心。

虽然数字化存储技术的进步为处理日益增长的数据提供了一定的解决方案，但云计算的出现才真正开启了一种全新的可能性。云计算利用网络远程服务器来存储、管理和处理数据，而不是依赖本地服务器或个人电脑。这一模式的优势在于其弹性、可扩展性和成本效率。用户可以根据需要轻松扩展存储空间和计算能力，而无须投资昂贵的硬件和软件。此外，云服务提供商（如 Amazon Web Services、Microsoft Azure 和 Google Cloud Platform 等）通过其强大的基础设施，使企业能够以前所未有的速度和效率处理和分析海量数据信息。

云计算的另一个关键优势是开创了远程办公和远程协作的新模式。比如，在当前诸多分布式场景中，云技术证明了其在支持远程办公、在线学习和数字卫生服务中的关键作用。企业和教育机构能够利用云端应用（如视频会议、项目管理工具和在线教室）以维持运营和教学活动。这不仅展示了云计算在应对突发事件中的弹性，也预示着未来工作和教育模式的长期转变。

尽管云计算为数据存储和处理带来了革命性的改变，但也引发了关于数据安全、隐私保护和数据主权的新挑战。随着越来越多的敏感信息被存储在云端，保护这些数据不受黑客攻击和数据泄露的威胁变得尤为重要。因此，云服务提供商和使用者必须采取严格的安全措施，包括加密技术、访问控制和定期的安全审计，以确保数据的安全和合规性。

未来，随着人工智能、机器学习和物联网技术的进一步发展，我们预计云计算将继续发挥其核心作用。这些先进技术的结合不仅将进一步提高数据处理的效率和智能，从数字化存储到云端技术，标志着我们如何收集、处理和利用数据的根本变革。通过不断创新和适应这些变化，我们将能够更好地应对未来挑战，释放数据的潜力，驱动社会和经济的进步。

图1－1 云计算应用场景

资料来源：云互联时代

1.2 觉醒的数据价值

在数字化浪潮的推动下，我们正站在一个全新的历史节点上，见证着数据技术如何深刻地重塑着世界的每一个角落。随着数字技术的飞速发展，数据已不再是简单的信息记录，而是成为推动社会进步、引领经济发展的核心动力。我们如何利用数据的力量，不仅决定了个人和企业的成败，也关系到社会的整体发展方向。

数字浪潮席卷全球

在数字时代的浪潮之下，社会转型正以前所未有的速度和规模展开。这一过程的核心，无疑是数据技术的不断创新发展。从20世纪末期互联网应用的快速普及到21世纪信息与通信技术和大数据技术的快速发展，我们已经步入了一个数据无处不在的时代。

根据国际数据公司（以下简称IDC）的报告，如图1－2所示，2022

年全球数据圈数据量规模达到 103.66ZB，中国数据量规模将从 2022 年的 23.88ZB 增长至 2027 年的 76.6ZB，复合年均增长率（CAGR）达到 26.3%，增速有望位列全球第一。根据 IDC 预测，未来 3 年全球新增数据量将超过过去 30 年之和，数据激增将使数据存储、传输和处理的所需算力呈现指数级增长。

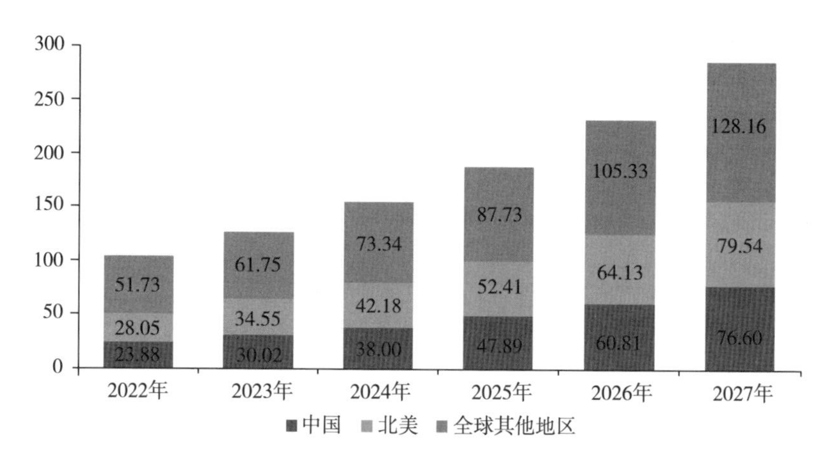

图 1－2　全球数据量规模及预测（单位：ZB）

资料来源：IDC Global DataSphere 2023

数据的价值觉醒是这一转型过程的另一显著特征。在过去，数据被视为辅助决策和运营的工具，而今，它已成为创新、优化决策和创造新价值的关键资产。企业和组织开始主动利用数据，通过数据分析和挖掘来揭示消费者行为、市场趋势和潜在风险，驱动业务模式和产品的革新。例如，阿里巴巴和亚马逊等互联网巨头利用大数据分析来优化其供应链，实现个性化推荐，极大提高了用户体验和运营效率。

此外，数据化时代的兴起也促进了社会治理和公共服务的变革。政府部门通过大数据分析，能够更加精确地进行城市规划、交通管理和环境监测，提高公共服务的质量和效率。在这一背景下，数据已经成为推动社会转型的关键力量。从技术革新到数据的价值觉醒，从经济领域到社会生活的各个方面，数据正深刻地重塑着我们的世界。

数字红利助推社会发展

数据作为推动社会发展的核心动力，不仅在经济领域产生了深远影响，也极大地改变了我们的生产生活方式和社会结构。从经济角度来看，数据已经成为新的经济增长点，它正在重新定义商业模式、促进产业结构的调整和优化，并且催生了一系列新兴行业。

商业模式的变革是数据如何推动社会发展最直观的体现。以共享经济为例，根据普华永道的报告，全球共享经济的市场规模预计将从 2014 年的 150 亿美元增长到 2025 年的 3350 亿美元。这种增长背后，是对大量消费者行为数据的分析和利用，使企业能够更精准地匹配供需，减少浪费，提高效率。此外，个性化营销同样依赖于数据的分析，根据埃森哲的研究，个性化推荐对于消费者购买意愿的提升度可以高达 91%。这种基于数据的商业模式创新，不仅为企业带来了前所未有的增长机会，也极大地丰富了消费者的选择。

在产业结构的优化升级方面，数据的作用同样不容小觑。制造业是一个显著的例子，通过采集和分析生产线上的海量数据，企业能够实时监控设备状态，预测维护需求，从而显著降低了停机时间和维护成本。德勤的一项研究显示，通过实施先进的数据分析技术，制造业企业可以提高产量 10% 以上，同时让产品缺陷率降低 20%。数据的应用还促进了传统产业向数字化转型。例如农业领域，通过对土壤、气候等数据的分析，可以精确控制灌溉和施肥，显著提高了作物产量和品质。

数据驱动的经济发展还催生了大量新兴行业的出现，如大数据分析、云计算和人工智能等。这些新兴行业不仅为经济发展注入了新的活力，也创造了大量的就业机会，根据美国劳工统计局的数据，数据科学家和先进分析专家的需求量在 2020 年至 2030 年预计将增长 15%，远高于所有职业平均增长率。

除了经济领域外，数据还深刻影响了我们的日常生活。智能家居设备通过分析用户的生活习惯和偏好，能够提供更加个性化和自动化的服务，从而大幅提升了生活便利性。在教育领域，通过分析学生的学习数据，教育机构能够提供更加个性化的学习计划，有效提高学习效率。

1.3 数字浪潮下的社会重塑

当前，数据不仅重塑了企业的竞争格局，也成了国家之间战略博弈的新战场。这一转变标志着我们进入了一个全新的全球竞争时代，其中数据不仅是信息的载体，更是创新、权力和影响力的源泉，同时也带来了前所未有的挑战，包括数据主权、数据跨境流动、数据安全与隐私保护等诸多问题，这些都需要我们以高远的视野深入探讨和应对。

数据成为国家战略制高点

在全球化的大背景下，数据已成为各国争夺经济、技术和政治领导权的新战场。国家间的竞争不再仅仅局限于传统的资源和军事实力，数据的掌握和利用能力越来越成为衡量一个国家全球竞争力的重要指标。

然而，随着数据竞赛的加剧，一系列挑战也随之而来。首先是数据主权的问题。随着数据在全球经济中的作用日益增强，各国开始加强对数据流动的控制，以保护国家安全、经济利益和公民隐私。例如，欧盟《通用数据保护条例》（以下简称 GDPR）和中国在 2021 年实施的《中华人民共和国数据安全法》（以下简称《数据安全法》），都严格规定了数据的收集、存储和使用方式，在一定程度上保障了数据安全和公民权益。

其次是数据跨境流动的政策挑战。数据的全球流动对于促进国际贸易、技术交流和文化传播至关重要。然而，不同国家对于数据流动的政策标准存在较大差异，这在一定程度上阻碍了国际数据交换和合作。例如，一些国家为了保护本国数据产业的发展，采取了数据本地化的政策，要求收集的数据在本国境内存储和处理。这种政策不仅增加了国际企业的运营成本，也限制了数据的自由流动。

最后是数据安全和隐私保护问题。数据泄露和隐私侵犯事件频发，给全球数据竞赛蒙上了阴影。随着数据量的增加和技术的发展，如何有效保护数据安全、防止数据滥用，成为一个全球性的挑战。

面对这些挑战，国际合作显得尤为重要。只有通过加强国际对话，协调数据政策标准，才能有效应对数据主权、数据跨境流动和数据安全等问题，促进数据资源的合理利用和全球经济的健康发展。此外，创新也是应对全球数据竞赛挑战的关键。通过技术创新，不仅可以提升数据处理和分析的效率，还可以加强数据安全保护，从而在全球数据竞赛中占据有利地位。

■ 开放合作与技术创新

在全球数据的竞争和合作中，国际倡议和创新技术的应用成为推动全球经济发展的重要力量。G20 数字经济工作组便是在此背景下应运而生。该机构旨在促进数字经济领域的国际间合作与交流。此外，欧盟与日本在 2018 年互认了对方的数据保护体系，这不仅是跨境数据流动的一个重要里程碑，也体现了基于共同价值观和高标准隐私保护的国际数据合作模式。这种模式不仅有助于保障个人数据的安全，还促进了商业数据流动，为企业创造了巨大的市场机遇。

在创新技术的应用方面，人工智能、区块链等技术正成为推动数据的重要工具。例如，区块链技术以其独特的分布式、数据不可篡改的特性，为数据的安全性和透明度提供了新的解决方案。根据 IDC 的预测，全球区块链技术支出将从 2020 年的 43 亿美元增长到 2024 年的将近 140 亿美元，这反映了各行各业对于区块链技术在数据管理和保护方面潜力的高度认可。

此外，人工智能的进步也为数据分析和处理带来了革命性的变化。通过机器学习算法，企业能够从海量的数据中提取有价值的信息，优化决策过程，创造新的商业价值。例如，金融服务行业通过应用人工智能技术，不仅能够提高交易效率，还能够通过对客户数据的深度分析，提供更加个性化的服务。

尽管技术创新为数据的发展提供了强大动力，但在未来的道路上，创新与合作仍将是解决挑战的关键。一方面，国际社会需要共同努力，构建更加开放、透明、高效的全球数据治理框架，确保数据跨境流动的安全与便利；另一方面，通过技术创新，不断提升数据处理和分析的能力，开发出更多符合隐私保护要求的数据应用，将数据资产的潜力转化为推动全球经济发展的实际动力。

第2章

技术漩涡：解码数据的未来

站在人类文明发展的潮头，我们正经历着一场前所未有的数据革命。数据，这一曾经默默无闻的副产品，正以惊人的速度膨胀，渗透到经济社会的方方面面。然而，海量数据并非天然就是生产力，只有经过系统性的采集、存储、交易、分析、应用，才能将其蕴藏的无穷价值释放出来，化为推动数字经济腾飞、重塑商业模式、优化社会治理的“数字石油”。

2.1 万物数字化加速

从大数据的海量信息挖掘，云计算的资源配置革新，到物联网的连接扩展，再到人工智能的决策智能化，每一步的技术突破都不仅仅是技术领域的革新，更是对社会生活、工作方式乃至整个社会结构的深刻影响。

大数据：海量数据的价值发现

在这个数据爆炸的时代，海量数据如同一片汪洋大海，蕴藏着无限的价值，也带来了前所未有的挑战。传统的数据处理技术已经无法满足日益增长的数据规模和复杂性。因此，大数据技术应运而生，如同一队探险家，不断开拓数据处理的新疆域。

大数据技术的核心是通过分布式架构实现海量数据的存储、计算和分析。Hadoop 是一个由 Apache 基金会所开发的分布式系统基础架构，Hadoop 的框架最核心的设计就是 HDFS 和 MapReduce。作为大数据生态系统的奠基石，Hadoop 提供了一个高度可扩展、高容错的分布式计算平台。基于 Hadoop 的 HDFS 分布式文件系统可以存储 PB 级别的海量数据，保证了数据存储的可靠性和高效性。MapReduce 分布式计算框架则通过将大规模数据集切分成小的数据块，在集群中并行处理，极大提升了数据分析的效率。

随着大数据技术的不断发展，越来越多的创新应用涌现出来。在互联网领域，大数据分析已经成为各大互联网巨头的核心竞争力。以推荐系统为例，淘宝、京东等电商平台利用用户行为数据和商品特征数据，通过协同过滤、矩阵分解等算法，为每个用户提供个性化的商品推荐，大幅提升了用户体验和营销转化率。再如今日头条这样的内容平台，通过对海量用户阅读行为数据的挖掘分析，利用自然语言处理、图像识别等技术，实现千人千面的个性化信息推送，抓住了用户的注意力。

大数据技术在传统行业的应用同样让人眼前一亮。在工业领域，设备上安装的各种传感器实时采集海量的生产数据，通过大数据分析，可以实现设备故障的预测性维护，大幅减少停机时间，提高生产效率。在金融领域，银行利用客户的各种交易数据、行为数据，通过大数据挖掘，建立精准的用户画像和风险模型，不仅可以提供个性化的理财产品推荐，还能有效控制信贷风险，提高金融服务的安全性和可靠性。

可以预见，随着 5G、物联网等新技术的普及，数据规模还将呈指数级增长。大数据技术也将不断突破创新，在更多领域发挥重要作用。它将推动企业实现数据驱动的精细化运营，助力政府实现科学化、精准化的社会治理，为人们带来更加智能、便捷的服务体验。

■ 云计算：数字资源配置的未来

如果说大数据是汪洋大海，那么云计算就是畅游其中的巨轮。云计算提供了一种按需访问共享计算资源的模式，让数据处理拥有了极大的灵活性和弹性。无论是基础设施、开发平台还是应用软件，都可以通过云服务的方式获取，极大降低了企业的 IT 成本，加速了业务创新。

在过去的十多年中，云计算架构也在不断演进。最初的公有云（以亚马逊 AWS、微软 Azure 为代表），通过海量服务器集群提供标准化的基础设施即服务（IaaS）、平台即服务（PaaS）、软件即服务（SaaS）等服务，让中小企业无须购买昂贵的 IT 基础设施，即可享受到大企业级的计算能力。但是，对于数据安全性要求较高的金融、政府等行业，公有云模式难以满足其需求。于是，私有云应运而生，企业可以在自己的数据中心内构建云平台，兼顾灵活性和安全性。

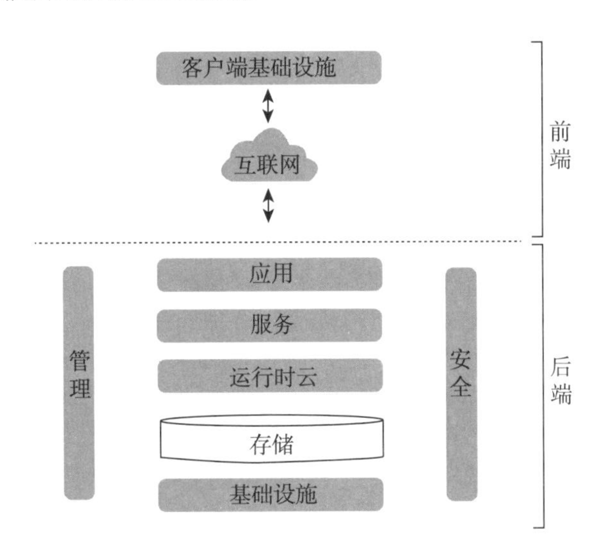

图 2-1　云计算体系结构

云计算架构的变革也在重塑企业的 IT 架构和业务模式。传统的烟囱式 IT 架构逐渐被云原生架构所取代。云原生架构充分利用了云平台的分布式特性，采用微服务、容器化等技术，实现应用的敏捷开发、持续交付和自动化运维。企业可以更快速地响应市场变化，推出创新产品和服务。同时，云计算也催生了 SaaS、PaaS 等新的商业模式，企业可以将自身的数据、算法、流程等核心能力通过云服务开放给合作伙伴，构建生态系统，实现共赢发展。

未来，云计算将与大数据、人工智能等技术进一步融合，形成智能化的云平台。这些平台不仅提供海量的数据存储和计算能力，还内置了机器学习、知识图谱等智能组件，让数据分析和决策更加自动化和智能化。企业可以利用这些智能云平台，快速搭建行业解决方案，加速数字化转型。云计算正在成为数字经济时代的关键基础设施，推动各行各业走向智能互联的未来。

■ 物联网：开启万物互联时代

如果说移动互联网将人与人、人与信息连接在一起，那么物联网就是将人与物、物与物连接在一起。通过在各种物体上部署传感器，实时采集其状态数据并上传至云端，再通过大数据分析作出智能决策，进而对物体实施智能化控制。这就是物联网的基本架构。它正在将我们带入一个万物互联的智能世界。

当前，物联网技术已经在工业制造、智慧城市、智能家居等领域崭露头角。在工业领域，企业通过在生产设备上部署各种传感器，实时采集设备运行数据并上传至工业互联网平台进行大数据分析，实现设备健康状况监测、预测性维护、产品质量追溯等应用，从而大幅提升生产效率和产品质量。典型的案例如海尔的 COSMOPlat 工业互联网平台，该平台连接了海尔及其供应链上的数万台设备，通过数据集成和智能分析，实现了用户需求驱动的个性化定制生产。

在智慧城市领域，物联网技术正广泛应用于交通、能源、环保等城市管理的方方面面。通过在道路、车辆上安装各种传感器，采集交通流量、车辆位置等数据，利用大数据分析实现交通流量预测、智能调度、车辆引导等，缓解城市拥堵。通过智能电表采集居民和企业用电数据，利用需求预测算法优化电网调度，提高供电效率。通过环境监测传感器实时采集空气、水质等数据，及时发现和处置污染问题，改善城市环境。这些应用让城市管理更加精细化、智能化。

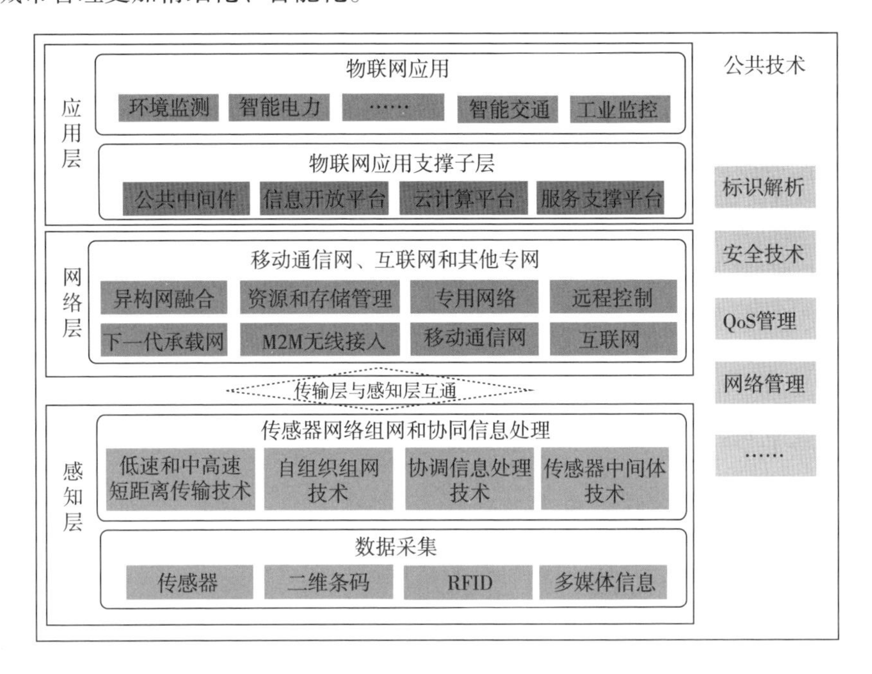

图 2-2 物联网架构图

在智能家居领域，物联网技术则让我们的生活更加便捷舒适。各种家电、家居通过接入物联网，可以实现远程控制、语音交互、场景联动等功能。比如，智能音箱接收语音指令后，可以自动调节空调温度、打开电视机、控制智能灯光等，让用户享受到全屋智能的便利体验。可穿戴设备通过实时采集用户的生理数据，进行健康监测和智能提醒，让健康管理更加主动和精准。

随着5G、边缘计算等新技术的成熟和普及，物联网有望迎来爆发式增长。5G提供了更大的带宽、更低的延迟，让海量物联网设备接入成为可能。边缘计算则将数据存储和计算能力下沉到网络边缘，靠近数据产生源，减少数据传输延迟，实现实时智能决策。这将极大拓展物联网的应用场景和价值空间，加速万物互联时代的到来。

■ 人工智能：机器学习加持的智能革命

人工智能无疑是数据处理技术领域最耀眼的明星。依托海量数据和强大算力，人工智能正在从感知智能、认知智能走向决策智能，在越来越多领域展现出接近甚至超越人类的能力。它与大数据、云计算、物联网等技术的融合，更是催生出无限的想象空间。

当前，深度学习是人工智能的核心技术范式。以神经网络为基础，通过海量数据训练，人工智能模型可以自动学习提取数据中的特征，构建复杂的非线性映射关系，实现对未知数据的准确判断和预测。在计算机视觉领域，基于深度学习的图像分类、目标检测、语义分割等算法，让机器拥有了超人的“眼睛”，在安防监控、无人驾驶、医疗影像等领域大显身手。在自然语言处理领域，基于深度学习的语言模型（如 BERT、GPT－4）让机器掌握了接近人类的语言理解和表达能力，在智能客服、语音助手、内容生成等场景发挥重要作用。

深度学习的成功很大程度上得益于算力的巨大进步。从最初的 CPU，到 GPGPU、FPGA、TPU 等各种异构计算芯片和集群，让深度学习模型的训练速度和规模不断刷新纪录。以 GPT－4 为例，它拥有 1750 亿个参数，是有史以来规模最大的语言模型，其训练需要消耗数百个 GPU 年的算力。正是算力的持续进步，让深度学习能够处理海量复杂的非结构化数据，发掘出更多洞见。

人工智能是数据、算法、算力的结合，更是一种融合人文、心理、脑科学的交叉学科。它代表了智能革命的方向，必将深刻影响人类社会的方方面面。在数据处理技术领域，人工智能将成为“点石成金”的利器，让数据价值充分释放。它与大数据、云计算、物联网、区块链等新兴技术的融合创新，更将开启智能时代的新篇章。

2.2 数据基建提速升级

5G 网络的部署如同铺设了一条信息高速公路，为数字世界提供了前所未有的速度和连接能力。它不仅是通信技术的一次飞跃，更是全社会数字化转型的强大推动力。同时，数据中心作为数字经济的核心基础设施，正承载着日益增长的数据流量，不断推动数据存储、处理、分析能力的进步。区块链技术的兴起，预示着一个去中心化、更安全、更高效的数据管理新纪元。

5G 来袭：畅享数字世界的高速公路

在数据时代，高速、泛在、低时延的网络基础设施是一切应用的根基。5G 网络无疑是这一领域的旗舰力量。作为新一代移动通信技术，5G 网络不仅在带宽、时延、连接密度等关键性能指标上实现了数量级的飞跃，更为全社会数字化转型提供了坚实的技术底座。

5G 网络最显著的特点是高带宽。得益于新的空口技术和更高的频谱资源，5G 网络可以提供每秒数十 Gbps 的峰值速率，是 4G 网络的数十倍。这让高清视频、VR/AR 等内容密集型应用成为可能，为沉浸式娱乐、远程教育等创新业务提供了强力支撑。同时，超大带宽也让数据采集、传输、存储的效率大幅提升，加速了企业数字化转型的进程。

5G 网络的另一个关键优势是低时延。通过网络架构优化和移动边缘计算等技术，5G 网络可以将端到端时延降至毫秒级，远低于人类的感知阈值。这让实时交互成为可能，为工业互联网、车联网、远程医疗等应用场景扫清了障碍。生产设备之间可以实现精准协同，自动驾驶汽车可以作出实时决策，医生可以远程操控手术机器人……低时延将人类的感知和控制范围拓展到前所未有的领域。

5G 网络还具有超高的连接密度。每平方公里可以支持数百万个设备接入，能够满足物联网时代海量终端的连接需求。这让智慧城市、智能制造、数字农业等成为现实，每一个传感器、每一台设备、每一头牲畜都可以纳入智能管理的版图，让数据驱动的精细化运营渗透到经济社会的毛细血管。

当前，我国5G网络建设正如火如荼。工信部数据显示，截至2023年年底，国内已建成5G基站337.7万个，实现了地级以上城市的连续覆盖。三大运营商还积极探索5G专网、5G消息等创新应用，与垂直行业深度合作，打造5G融合应用的标杆。在政策方面，国务院以及发改委等部门接连出台一系列政策，支持5G网络和应用的规模化发展。可以预见，未来几年，5G将进一步向纵深发展，向农村、交通干线等广度覆盖，向工业、医疗、教育等行业场景深度渗透，成为经济社会数字化转型的关键赋能者。

■ 数据中心：数字经济高速增长的基座

近年来，随着数字经济的高速发展，我国数据中心基础设施建设也进入了快车道。一座座超大规模、绿色节能、智能运维的数据中心拔地而起，为数字中国注入了澎湃动力。

我国数据中心产业的快速崛起，得益于前瞻性的顶层规划和政策指引。2021年1月，工信部、发改委等四部门联合印发了《全国一体化大数据中心协同创新体系算力枢纽实施方案》，提出以“东数西算”为总体布局，推动数据中心向西部地区梯度转移，形成协同联动的国家枢纽节点。随后，全国一体化大数据中心协同创新体系的“施工图”浮出水面：到2025年，按照“2+8+N+X”的总体架构，即建设2个国家级枢纽节点、8个国家级数据中心集群、若干个省级数据中心集群以及大量的边缘节点，打造数据中心、云计算、大数据一体化发展的先进算力网络。

在政策红利的引导下，超大规模数据中心建设如火如荼。国内大企业纷纷加大投资力度，抢占发展先机。比如，阿里巴巴在张家口、乌兰察布、呼和浩特等地接连开建多个超大规模数据中心，单个园区服务器规划数量最高超过 100 万台；腾讯启动“云启计划”，拟在贵州、山东等地投资建设多个百万台级服务器集群；京东、华为、浪潮、金山等科技巨头也纷纷瞄准内蒙古、甘肃、宁夏、贵州等地区，加速布局大型数据中心。

此外，数据中心的智能化运维能力也在不断提升。云计算、人工智能等技术的应用，让运维从劳动密集走向技术密集。比如，智能巡检机器人可 24 小时不间断地对机房各项设施巡检，及时发现故障隐患；智能调度系统可根据负载情况动态调配资源，最大化提高资源利用率；智能预测系统可提前感知业务量变化，实现弹性伸缩……智能化不仅显著提高了运维效率，也让数据中心的可靠性、可用性和灵活性达到了新高度。

■ 区块链：从价值传递到价值互联

区块链被誉为继互联网之后的又一次技术革命。作为一种分布式账本技术，区块链通过密码学原理和共识机制，在无须中心化信任机构的情况下，实现了多方之间的可信协作。这一独特优势，让区块链在构建数据基础设施方面大有可为。通过区块链，我们有望从“数据孤岛”迈向“价值互联”，开启数据流动和价值交换的新时代。

从基础架构看，区块链与传统分布式系统有诸多异同。一方面，区块链继承了分布式系统的优势，通过将数据和计算任务分散到多个节点，实现了容错、可扩展和负载均衡。另一方面，区块链独有的密码学机制和共识算法，让分布式系统获得了新的安全属性。非对称加密确保了数据的真实性和不可篡改性，共识算法让多个节点对交易达成一致，防止了双重支付等安全威胁。可以说，传统分布式系统解决了可用性问题，而区块链进一步解决了安全性问题。两者相辅相成，共同构筑起价值互联网的坚实底座。

如果说区块链是价值互联的载体，那么智能合约就是价值互联的引擎。智能合约本质上是一套部署在区块链上的自动执行程序，能够根据预设条件触发相应动作，实现“代码即法律”的理念。在数据基础设施建设中，智能合约发挥着不可或缺的作用。通过将数据共享、交易规则写入智能合约，可以精准控制数据访问权限，实现细粒度的隐私保护。通过将数据计算逻辑写入智能合约，可以在多方参与的场景下实现安全可信的联合学习。通过将数据交易支付环节写入智能合约，可以保证交易的原子性，解决“一手交钱一手交货”的信任问题。

当然，区块链技术也并非十全十美。诸如吞吐量瓶颈、存储成本高、数据隐私性不足等问题，一度成为制约区块链大规模应用的“绊脚石”。为此，学术界、产业界持续发力，推动区块链性能优化和隐私保护的突破创新。分片、侧链、跨链等扩容方案，极大提升了区块链系统的可扩展性；同态加密、零知识证明、安全多方计算等密码学新技术，让隐私保护与数据可用性实现了“双赢”……随着这些创新成果的落地，区块链有望成为数据要素流通的“高速公路”，为分布式商业提供坚实的价值转移基础。

2.3 隐私计算添翼

当我们走入大数据和人工智能的未来，数据不仅是推动进步的引擎，更是需要精心守护的财富。隐私计算技术，如同在数字世界中筑起了一座座坚固的堡垒，保护着每一条数据流不被恶意侵犯。从密码学的深层保护到数据脱敏的智能处理，每一步技术进化都显露出对隐私尊重的承诺。

密码技术护航数字未来

随着数据规模和敏感程度的不断提升，其所面临的安全风险也与日俱增。数据泄露、非法交易等事件频发，让企业和个人隐私面临严峻挑战。

密码技术是保障数据安全的基石。其核心是通过数学原理，将明文数据转换为密文，使只有掌握密钥的授权方才能解密获取原始信息，对其他人而言，密文如同天书，难以破解。这一机制从根本上保证了数据的机密性。传统的对称加密和非对称加密算法（如 AES、RSA 等）已广泛应用于各类数据系统，成为基本的安全防线。

随着量子计算等新技术的发展，传统密码算法面临失效风险。为此，后量子密码成为密码学界的新宠。其核心思路是找到数学难题，使即便量子计算机也难以在多项式时间内破解。格基密码、编码密码、哈希签名等方案应运而生，为后量子时代的数据安全提供了新的解决方案。以格基密码为例，其利用格中最短向量难解的特性，构建公钥密码体制，即便在量子计算机面前，其安全性也能得到保证。目前，包括我国在内的多个国家已将量子密码列入国家标准，推动其在政务、金融等关键领域率先落地。

此外，面向海量异构数据的细粒度权限控制与访问追踪，也是数据安全治理的重中之重。传统的自主访问控制（DAC）、强制访问控制（MAC）等方法，难以应对日益复杂的大数据环境。于是，基于属性的访问控制（ABAC）、零信任架构等新型数据安全范式应运而生。前者通过将用户属性、数据属性、环境属性相结合，提供灵活、动态的访问策略配置，实现了细粒度的权限管控。后者则秉承“从不信任，总是验证”的理念，在身份认证的基础上，持续评估访问环境和行为的可信度，最小化授权，从而最大限度地降低数据泄露风险。

■ 数据脱敏实现隐私合规

从社交网络到智能穿戴，从线上消费到线下出行，我们时时刻刻都在产生数据，而这些数据又通过各种渠道被采集、存储、传输、交易，最终汇聚成庞大的用户画像。这固然为企业和社会创造了难以估量的价值，但也难免让人心生隐忧：个人隐私还能得到保障吗？信息自决权还掌握在自己手中吗？

为了化解这一悖论，近年来，数据脱敏技术异军突起，成为数据安全与隐私保护的“神兵利器”。所谓数据脱敏，是指在保留数据价值属性的同时，去除数据中的隐私敏感信息，使其转变为“无害”状态。通过这一技术处理，企业可以更加自如地存储、流通、利用用户数据，而无须担心隐私合规问题；用户也可以更加放心地分享数据，享受智能服务，而不必忧虑隐私泄露风险。

目前，数据脱敏已形成多种技术路线，各有千秋。静态脱敏侧重保护数据存储安全，通过加密、置乱、屏蔽等手段，对敏感数据进行不可逆转换，同时设置严格的访问控制策略，确保只有授权用户才能访问脱敏数据。动态脱敏则聚焦数据使用环节，在数据流动和处理过程中实时判断数据的敏感程度，并根据不同访问者的权限，动态调整脱敏策略，提供差异化的脱敏数据视图。前者如同为数据上了一把“永久锁”，而后者则像是为数据披上了一层“隐身衣”，两者相辅相成，全面防范隐私数据的非法获取和滥用。

随着数字经济的持续深化，数据脱敏技术得到越来越广泛的应用。在金融领域，脱敏技术为跨机构数据整合、交叉验证、联合风控等应用奠定了基础；在医疗领域，脱敏让分散在不同医院的病历、影像等数据“活”了起来，催生出智能辅诊、药物研发等新应用；在政务领域，脱敏为跨部门数据共享开启了新局面，让协同监管、精准服务、宏观调控等成为可能……可以预见，未来，数据脱敏技术将进一步走向成熟，成为隐私计算、联邦学习、安全多方计算等颠覆性技术的基石，让数据既“安全”又“有用”，开启数据新经济的无限想象空间。

■ 数据要素市场破茧

尽管数据已成为重要的生产要素，而要真正将数据这一新型生产要素所蕴含的巨大价值转化为现实生产力，数据交易至关重要。通过交易，数据资源在不同主体间流转，汇聚成数据洪流，最终通过分析挖掘转化为洞见和智慧。然而，由于数据往往与个人隐私、商业机密等敏感信息高度相关，对数据交易各方的安全、隐私和合规提出了严苛要求，成为制约数据交易规模化、常态化的瓶颈。

隐私保护数据交易应运而生。其核心理念是利用密码学、联邦学习等前沿技术，让数据在加密、脱敏后的状态下实现交易和计算，使数据携带的隐私信息得以保护，从而消除数据交易参与各方的后顾之忧。这一新型交易模式，为数据“确权、定价、流转”的完整闭环注入了新动能，为激活数据要素市场提供了新路径。

从技术视角来看，隐私保护数据交易融合了多种技术手段。区块链用于构筑数据交易和追踪的基础设施，利用不可篡改、可追溯等特性，实现了数据资产的确权登记和全生命周期管理。在此基础上，各参与方基于联邦学习开展模型训练，只交换加密后的中间结果，而非原始数据。这确保了数据所有权人对数据的实际控制权，避免了数据的直接共享带来的隐私泄露风险。同时，同态加密、多方安全计算等密码学技术的引入，则为数据交易全流程的加密执行提供了基础。

诚然，隐私保护数据交易并非一蹴而就。除技术因素外，缺乏统一的标准规范、定价机制、监管政策，也成为掣肘产业发展的重要因素。对此，产学研各界正在携手攻坚、多管齐下。在标准规范方面，电气和电子工程师协会（IEEE）、国际标准化组织（ISO）等权威机构已启动相关标准的制定，以期实现数据交易的标准化、规范化；在定价机制方面，沙普利值、贡献度评估等理论方法被创造性引入，为合理评估数据价值、设计激励机制提供了新思路；在监管政策方面，各国主管部门也在完善顶层设计，探索包容审慎的创新监管方式，为隐私保护数据交易营造良好的制度环境。

第 3 章

经济新浪潮：数据经济揭秘

在数字化的浪潮中，数据已经上升为一种新的生产要素，其重要性可与土地、劳动力、资本、技术相提并论。海量数据通过采集、存储、流通、分析、应用等环节充分释放价值，正在重塑经济的内在逻辑和运行法则。理解数据要素的内在规律，把握数据流动的脉动，洞察数据驱动的产业变革走向，对于抢抓数字经济发展机遇、培育发展新动能至关重要。

3.1 传统产业迈向数智化

数字技术，作为时代的产物，不再是简单的生产工具，而是深刻影响着产业结构、企业运营、产品服务乃至整个社会经济发展的核心动力。数智化转型，不仅仅是对技术的追求和应用，更是一场深层次的经营理念、组织结构、业务流程和文化价值观的全面变革。

产业转型的内外驱动力

当前，以数据驱动为核心特征的数字经济正以前所未有的速度和广度重塑各行各业。随着数字技术与实体经济的加速融合，传统产业数字化、网络化、智能化转型步伐明显加快，一场波澜壮阔的产业变革大幕正在拉开。这场变革，既是危机，也是机遇；既是挑战，也是重构。谁能顺应数字化浪潮，谁就能在未来站稳脚跟，抢占先机。

产业数字化转型，本质上是一个全要素重构的过程。它以数据为核心驱动力，以数字技术为支撑，通过优化资源配置、重塑业务流程、创新商业模式，全面提升产业发展的质量和效率。具体而言，产业数字化转型至少可从以下三个维度来理解：一是数据驱动的智能化升级，即通过对生产、运营、管理等环节的数据进行采集、分析、应用，实现业务流程的自动化和决策的智能化，推动产业向智能化升级；二是数据驱动的网络化协同，即打破企业内部、产业链上下游的数据壁垒，实现数据在更大范围内的共享交换和协同利用，推动企业间、产业间的网络化协同；三是数据驱动的服务化延伸，即利用数据资源创新产品服务，延伸产业价值链，实现从卖产品到卖服务、卖功能的转变，推动制造业向服务化延伸。

毋庸置疑，拥抱数据浪潮、迈向数字化转型已是大势所趋。这一方面源于技术变革带来的外力驱动。移动互联网、大数据、云计算、人工智能等新一代数字技术的迅猛发展，正在从消费领域向生产领域全面渗透，改变每一个行业的技术路线、产品形态和商业模式。另一方面源于产业发展的内在需求。在消费需求多样化、同质化竞争加剧的大背景下，传统粗放式发展方式难以为继，唯有通过数字化、网络化、智能化赋能，推动质量变革、效率变革、动力变革，才能培育新的竞争优势。从这个意义上讲，抢抓产业数字化转型的历史性窗口期，是实体经济顺应新一轮科技革命和产业变革大势、实现转型升级的必由之路，是经济高质量发展的“关键一招”。

数字化转型的三重境界

产业数字化转型是一个复杂的系统工程，不可能一蹴而就。如何科学把握转型的一般规律和特殊性，因企制宜、分类指导，对加快推进产业数字化转型至关重要。总的来看，产业数字化转型通常呈现出一个从数字化、网络化到智能化的递进过程，不同发展阶段对数据要素的依赖程度、应用深度、价值创造方式存在明显差异。准确把握不同阶段的关键抓手和突破口，对于企业和产业因势利导、蹚出一条符合自身禀赋特点的转型之路，具有重要指引意义。

初级阶段首先是数字化，这是产业数字化转型的基础。这一阶段的核心是实现业务数字化、流程电子化，通过系统构建和数据积累打好转型的地基。对传统企业而言，当务之急是利用物联网、移动互联网等技术手段，对业务各环节进行数字化改造，实现研发设计、生产制造、经营管理等核心业务流程的电子化、在线化、自动化，形成完整的业务数字化闭环。

其次是网络化，这是产业数字化转型的提升。这一阶段的核心是实现系统集成和数据共享，通过内外部资源网络化整合开启转型的新境界。一方面，要加快企业内部信息系统的集成，打通业务数据和管理数据的壁垒，实现设计、采购、生产、销售、服务等全流程数据的无缝对接和端到端流通，为数据应用奠定互联互通的基础。另一方面，要积极参与产业互联网平台建设，利用工业互联网、区块链等新兴技术，与上下游企业共享订单、库存、产能等数据，协同开展研发、生产、服务等业务，构建基于信任的产业协作网络。

最后是智能化，这也是产业数字化转型的长远方向。这一阶段的核心是推动数据智能分析和应用，通过人机协同、跨界融合塑造转型的竞争优势。基于前期的数字化积累和网络化整合，企业在这一阶段应更加注重利用人工智能、大数据分析等技术，深度挖掘数据价值，创新业务应用场景。一是加强数据治理，建立完善的数据标准规范体系，提升数据的权威性、规范性、关联性，夯实智能应用的数据根基。二是强化智能分析，利用机器学习算法对业务、管理、外部等多源异构数据进行关联分析、预测优化，形成数据驱动的精准洞察和智能决策。三是拓展应用场景，从智能设计、智能生产、智能服务等领域入手，创新产品功能、优化资源配置、重塑业务流程，推动人机协同、业务智能走向深入。通过智能化转型，数据成为洞察需求、指导决策、优化流程的关键生产要素，驱动企业不断突破边界，实现跨界融合、柔性定制，最终形成基于数据智能的核心竞争优势。

3.2 拥抱数字经济新图景

数据流动，作为数字经济的核心，正在成为创新驱动发展的关键要素。通过有效的数据收集、处理、分析和应用，企业能够洞察市场趋势，优化运营效率，提升客户体验，甚至开发出全新的商业模式。这一过程中，数据不仅仅是被动记录的信息，而且转化为可以驱动决策、创新和增长的宝贵资源。

数据流动孕育经济发展新业态

海量数据在跨主体、跨行业、跨区域流动中，正以一种全新的姿态重构经济运行的底层逻辑，催生出一系列新业态新模式。这些基于数据流动的新业态，既是数字经济发展的产物，也是培育经济发展新动能的关键抓手。准确把握数据流动的内在机理和发展规律，对于抢抓新一轮科技革命和产业变革机遇、塑造发展新优势，具有重要意义。

数据，正以流动的姿态重塑商业世界。具体来看，数据流动正催生和驱动多种创新业态的发展。一是数据中介服务。专注于提供数据采集、清洗、标注、交易撮合等专业化服务，为其他企业的数据应用提供助力。这些数据中介机构就像数据流通的“搬运工”，在流通中盘活数据、创造价值，成为数字经济生态中的重要一环。二是数据分析挖掘。基于机器学习、知识图谱等技术，从多源异构数据中发现新关联、提炼新规律、获取新洞察，用数据驱动业务创新和决策优化。淘宝、抖音等互联网平台的精准推荐，就是基于海量用户行为数据的挖掘分析，为每一个用户提供千人千面的个性化服务。三是数据可视化。通过可视化图表、交互式仪表盘等直观方式呈现数据，帮助业务人员读懂数据、用好数据，让数据价值“看”得见、“摸”得着。

可以预见，随着数据确权、定价、交易等机制的逐步完善，数据中介、数据交易、数据资产运营等专业化服务将进一步发展，形成庞大的数据服务产业；数据关联分析、可视化呈现等应用层创新也将进一步拓展，衍生更多细分场景。同时，在线教育、远程医疗等新业态将进一步释放数据红利，用数据智能重塑服务流程，创新服务模式。总之，数据流动必将进一步突破行业界限，激发创新活力，让数据成为基础资源和关键生产要素，深度融入经济社会运行的方方面面，成为数字经济时代最鲜明的底色。

工业互联网的数字孪生时代

工业互联网，被誉为新一代信息通信技术与工业经济深度融合的产物，是全球新一轮产业变革的核心驱动力。在这场席卷全球的“智能化”风潮中，数字孪生作为工业互联网的核心智能技术，正以革命性的方式重构工业体系，让数据驱动的柔性制造、个性化定制、智能化决策成为可能，成为工业转型升级的“利器”。

何谓数字孪生？简言之，就是在数字空间构建物理实体的虚拟镜像，通过数据连接虚拟与现实，从而实现对物理世界的精准刻画、实时监测、优化预测、科学决策。其本质是利用物联网、大数据等技术，将工业设备、生产线乃至整个工厂的结构、行为、功能特征数字化，形成“数字副本”，再通过机理分析、数值仿真、实时优化等手段，使数字世界与物理世界实现双向映射、实时交互、动态优化。可以说，数字孪生犹如一面镜子，映射着工业体系的过去、现在和未来，为工业互联网的发展提供了无限可能。

在生产制造领域，数字孪生正成为提质增效的“神器”。通过对设备运行参数、工况环境、健康状态等海量数据的实时采集和深度分析，数字孪生可以精准预测设备故障，实现状态监测和预测性维护，最大限度地减少非计划停机时间。同时，数字孪生还可以对生产过程进行实时仿真、动态优化，通过虚拟排产、虚拟调度等手段，优化生产计划、提高生产效率，助力企业实现柔性制造、精益生产。在产品设计环境，数字孪生也带来了颠覆性变革。通过构建高保真的产品数字模型，工程师可以在虚拟空间开展设计验证、性能测试，优化产品方案，从而大幅缩短产品设计周期，降低试制成本。同时，数字孪生还可以支撑个性化定制，通过虚拟装配、模拟生产等手段，快速响应用户需求，实现规模化定制。

3.3 数据新要素：探寻增长新动能

不同于传统的生产要素，数据以其独有的复制性、非排他性和递增效应，为经济增长注入了新的动能，催生了一系列创新的商业模式和服务形态。然而，数据的广泛应用也带来了对隐私保护、数据安全等新的挑战，迫切需要我们在促进数据流通与保护个人隐私之间找到一个微妙的平衡点。

数字化“原材料”

随着数字技术的广泛渗透和应用，数据日益成为驱动经济社会发展的基础性战略资源，并呈现出一系列独特的经济属性。准确把握数据要素的内在规律和运行机制，对于推动数字经济这一新的经济形态蓬勃发展至关重要。

何谓生产要素？按照经济学理论，生产要素是指能够创造价值且为稀缺资源的投入品。以此观之，数据无疑具备了作为新型生产要素的基本属性。一方面，数据是潜在价值的蕴藏者。通过采集、存储、分析、应用等一系列加工过程，海量且分散的数据可以转化为洞察和智慧，驱动生产效率提升和商业模式创新，创造巨大的经济价值和社会价值。另一方面，虽然数据可以被复制和共享，但优质数据依然是一种稀缺资源。它们或依托于海量用户的行为轨迹，或依托于专业且昂贵的传感设备，或依托于复杂的清洗、标注等加工过程，获取成本高昂。正是供给的有限性和需求的无限性，决定了数据同样具有经济学意义上的稀缺性。

但数据又不同于土地、劳动力等传统生产要素，呈现出一系列独特属性。从生成逻辑看，数据具有非物质性和技术依赖性，它不是凭空而来，而是伴随数字技术的发展应运而生。从存在形态看，数据具有复制性和非排他性，它可以被无限次使用而不被消耗，多个主体可以同时占有和使用同一数据。从价值变现看，数据具有间接性和累积性，单一数据很难直接产生价值，需要通过数据关联挖掘和跨场景应用才能充分释放价值。这些特点无不昭示着数据这一新型生产要素正在深刻重塑传统的经济学规律。

破除数据要素市场化障碍

数据是新型生产要素，更是一种特殊的要素。由于数据权属界定模糊、流通机制不完善、交易规则缺失、行业标准不统一等瓶颈制约，我国数据要素市场的培育和发展依然处于起步阶段，离形成统一开放、运行高效、竞争有序的数据要素市场尚有不小差距。这也意味着我们在释放数据这一新型生产要素潜力、培育发展新动能的征途上仍然任重而道远。

首先，数据权属亟待厘清。由于缺乏统一的确权机制，数据的归属权、使用权、收益权等权责边界依然模糊，导致产权纠纷时有发生。这既影响了主体产生和加工数据的积极性，也制约了数据的流通和交易。对此，亟须立足数据全生命周期，构建多元利益主体协调的数据权属框架，明晰采集、存储、加工、应用等环节的权利归属，在保障数据安全和个人隐私的同时，最大限度地激发市场主体参与数据要素流通的内生动力。

其次，数据定价有待完善。作为一种新型生产要素，数据很难用传统商品的定价模型来评估其价值。数据价值既取决于数据自身的质量、规模、维度，也取决于数据加工分析的深度、广度以及应用场景。如何构建一套科学合理的定价机制，既不过度依赖政府，也不完全由市场决定，而是有效整合各方力量，实现数据价值的充分体现和利益相关方的合理分配，这是培育数据要素市场必须破解的难题。

再次，数据流通机制有待健全。我们已经建成了一批大数据中心、交易平台等数据流通载体，但由于缺乏顶层设计和统筹协调，数据孤岛问题仍然突出。不同行业、不同部门、不同区域间的数据壁垒森严，技术标准、管理规范不统一，阻碍了数据在更大范围内优化配置。未来应在国家统一监管下推动各级政府、重点行业、头部企业加强数据互联互通，促进数据在部门间、区域间、行业间的自由有序流动，形成全国统一的数据要素市场。

最后，数据应用生态有待优化。我国大数据产业生态总体还不成熟：在基础层部分核心软硬件受制于人，在应用层创新性不足、落地少，在产业链各主体间协同性、互补性欠缺。未来应大力发展自主可控的大数据关键技术，支持龙头骨干企业带动中小企业协同发展，鼓励产学研用协同攻关，打通基础研究、技术研发、成果转化、推广应用的全链条，推动数据驱动的模式创新和业态创新。

第 4 章

资产革命：数据资产化路径

在数据经济时代，数据犹如一座蕴含无限价值的“富矿”，谁能精准探明数据资源家底、高效开采数据价值矿藏，谁就能在竞争中抢占先机。可以预见，随着数字技术与实体经济的深度融合，数据资产化进程必将全面提速，并对传统资产价值评估体系形成颠覆性影响。

4.1　数据资产化的破题之钥

数据资产化，作为一种新兴的经济现象，正在为传统产业带来颠覆性的变革，同时也为数据经济开辟了新的增长路径。数据资产化不仅是技术的挑战，更是对现有经济体系和管理智慧的考验。它要求我们不仅要在技术层面进行创新，更要在经济理论和管理实践中探索新的模式和路径。

新型生产要素的“金矿”

目前，数据的战略地位日益凸显，它不仅是支撑数据经济发展的基础资源，更是引领科技创新、驱动产业变革的关键要素。将数据资源转化为数据资产，实现数据价值最大化，已成为各国抢占发展制高点的重要着力点。准确把握数据资产内涵，对于推动数据资产化进程、赋能实体经济发展具有重要意义。

从本质上来看，何谓数据资产？简言之，数据资产就是能够持续创造价值的数据。它区别于一般的数据资源，除了具备数据的一般特征外，还具有经济特征，能够为拥有者创造经济利益。从这个意义上说，数据资产既是技术概念，更是经济学概念。只有能够持续产生经济价值，并被企业记录在资产负债表上的数据，才能被称为真正意义上的数据资产。这也意味着，数据只有从"沉睡"状态中被唤醒，实现其经济价值，才能成长为数据资产。

那么，数据资产有何特点？首先，数据资产具有非物质性。与土地、厂房等有形资产不同，数据资产没有实物形态，而是以二进制代码的形式存在。其价值主要体现为内在的信息价值和衍生的经济价值。其次，数据资产具有非消耗性。数据资产可以被重复使用而不被消耗，使用的人越多、频次越高，其价值可能越大。再次，数据资产还具有时效性和偶然性。不同时间、不同语境下的数据资产价值会发生变化，有的数据资产可能一夜暴富，有的则可能瞬间归零。最后，数据资产具有关联性。单一数据的价值有限，只有通过与其他数据的融合分析，才能产生更大的价值。

既然数据资产如此独特而宝贵，如何盘活其巨大价值？其中，目前较为公认的"三化"路径或许可以提供一些参考。一是资产化，将数据资源转化为可被确权界定、价值计量的数据资产，是盘活数据价值的基础。二是资本化，探索数据资产的产权交易和价值变现机制，推动数据资产成为新的社会资本形态，是提升数据价值的关键。三是产业化，发展数据采集、标注、存储、分析、应用等专业化服务，打造数据产业生态，将数据资产价值嵌入产业价值链各环节，是释放数据红利的重要路径。循着"三化"路径，以数据确权为引领，以产业生态为依托，以价值创造为导向，必将推动数据资产这座"富矿"进一步释放动能、创造价值。

■ "金矿"开发的顶层设计

数据资产化是一项复杂的系统工程，涉及技术、管理、法律等诸多方面。要真正推动数据资产化落地生根、开花结果，必须统筹各环节、各要素，加快构建系统完备的数据资产管理体系，为数据价值变现提供坚实支撑。这就如同飞机要起飞，仅有动力是不够的，还需要机翼等部件的有机配合。数据资产管理体系，就好比数据资产化的“双翼”，对其顺利“起飞”、行稳致远至关重要。

当前，我国数据资产管理实践已经起步，并在局部领域取得了积极进展。一些互联网企业依托自身的数据禀赋，初步建立起数据资产台账，并应用于精准营销、业务创新等领域。一些金融机构积极探索数据资产估值、质押融资等，盘活了沉淀的数据资源。但总体而言，我国数据资产管理尚处于起步阶段，普遍存在“两多两少”的问题：无序数据多而有序数据少，数据应用多而数据积累少。推动数据资产化走深走实，亟待进一步完善数据资产管理体系，强化对数据资产的全生命周期管理。

首先，要加强数据资产分类分级管理。建立统一规范的数据分类分级标准，形成政府数据、社会数据、企业数据、个人数据等不同类型数据资产的分层管理框架。依托大数据平台，构建国家、行业、区域、企业各级数据资产目录体系，编制数据资产清单，实现“一数一源、一源一档”。同时，基于数据资产的风险等级划分，制定差异化管理策略，实现分级分类、精准管控。

其次，要强化核心数据资产的安全保护。数据资产是国家基础性战略资源，事关国家安全和发展利益。对关系国计民生、经济运行、社会稳定的关键核心数据资产，要按照“战略性新兴产业 + 关键核心技术”的框架，纳入关键信息基础设施保护范畴，制定国家核心数据资产目录清单，明确保护对象、保护责任、保护措施。同时，加快构建数据安全治理体系，强化数据全生命周期安全管控，筑牢数据安全防护网。

再次，要加快培育数据要素市场。发展数据交易平台，探索符合数据商品属性的定价机制，促进数据资源流通交易。鼓励企业、社会机构参与数据交易，探索数据资产作价入股、收益权转让等变现路径。加快发展针对数据的征信、评估、交易、结算等专业化服务，为数据资产化提供配套支撑。同时，加快出台数据交易相关法律法规，规范数据交易行为，维护公平有序的数据要素市场秩序。

最后，要完善数据产权制度。推动出台数据产权保护法律法规，明晰数据权属归属、权利边界、流转规则，加强数据资产的产权激励。结合数据资产类型、价值、风险等因素，合理界定政府、企业、个人等不同主体的数据权益，形成分层分类的数据产权框架。支持有条件的地区开展数据产权确权试点，为数据资产价值变现奠定制度基础。

4.2　数据价值评估的理念突围

在这个数据驱动的时代，数据资产化已成为推动经济发展的新引擎。然而，作为数据资产化进程中的核心环节，数据价值评估却成为众多企业和组织面临的一大挑战。如何准确评估数据的经济价值，不仅关乎数据资产的有效管理和利用，更是实现数据资产价值最大化的前提条件。

破解数据资产估值困局

在数字时代，海量数据每时每刻都在产生，数据资产的规模正以几何级数增长。然而，面对如此庞大的数据资产，人们却常常陷入迷茫：它们究竟蕴藏着多大的价值？是无价之宝，还是昙花一现？能否变现，又该如何变现？种种疑问萦绕在诸多数据拥有者的心头。

究其根源，当前阻碍数据资产价值释放的一大障碍，就在于对其价值缺乏科学、合理的评估。与土地、厂房、专利等传统资产不同，数据资产具有无形性、非排他性、非稀缺性等特点，很难用一个明确的价格标签来衡量其价值。同时，不同行业、领域的数据资产差异巨大，有的只能用于特定场景，有的则可以广泛应用，其价值受到诸多因素的综合影响。这就使数据资产价值评估成为一个复杂的系统工程，非一朝一夕能够解决。

当前，我国数据资产价值评估体系尚不完善，面临诸多挑战。一方面，缺乏科学的评估理念。受传统资产评估思维的影响，许多企业简单套用有形资产的评估模型，忽视了数据资产的特殊属性，导致评估结果失真。另一方面，评估方法有待创新。由于缺乏针对性的评估模型和指标体系，许多数据资产的评估流于表面，难以真正反映其内在价值。此外，数据产权边界模糊、隐私安全难保障等问题也制约着数据资产评估的规范化、精细化水平。

当前，各方正在从不同角度探索数据资产价值评估的有效路径。通过借鉴传统资产评估方法，结合大数据分析、人工智能等新技术，不断创新评估理念、完善评估体系，数据资产评估正在成为政产学研用协同攻关的热点难题。

■ 多元评估路径交相辉映

不同于传统有形资产评估，数据资产评估必须树立全新的评估理念。对此，我们要立足数据要素的基本属性，从价值创造、价值流通、价值变现等维度系统审视数据资产价值，重构一套多维动态的评估理念，为创新评估方法提供理论指引。

首先，从价值创造看，数据资产评估要坚持以质量为本。数据的价值来源于其反映的信息，数据质量直接决定了其价值含量。因此，数据资产评估必须把数据质量放在首位。要全面审视数据的准确性、及时性、完整性等内在质量特征，以及数据获取的规范性、合法性等外在质量特征，构建多维度的质量评估指标体系。唯有从源头把好数据质量关，夯实数据基本盘，才能为价值评估奠定基础。

其次，从价值流通看，数据资产评估要坚持以共享为要。数据只有流动起来，才能产生价值。如果数据资产仅仅为单一主体所拥有、所掌控，其价值将大打折扣。因此，数据资产评估要重点考察其共享与流通的广度、深度和效率。对于那些实现了跨部门、跨行业、跨区域共享交换的数据资产，实现了数据供给和需求精准对接、高效匹配的数据资产，应给予更高的价值评估。

最后，从价值变现看，数据资产评估要坚持以应用为重。数据的价值不在于拥有多少，而在于应用到什么程度。海量的数据，如果仅仅是“沉睡”在数据库中，根本谈不上价值。只有那些能够转化为洞察、智慧、决策的数据，那些在经济社会发展中发挥了实实在在作用的数据，才是真正有价值的数据资产。因此，评估数据资产，要聚焦数据应用的广度、深度和效益，对在业务创新、模式创新、科技创新中发挥重要作用的数据资产，应给予优先考虑。

■ 数据资产价值评估百花齐放

有了评估理念的指引，如何落地见效、开花结果？这还需要在评估方法上持续创新、不断突破。实践中，围绕数据资产评估，各方探索者为破解数据资产评估难题贡献了宝贵经验。

一是成本法。该方法以数据资产的历史成本和重置成本作为评估基础，力图客观反映数据资产的获取和加工成本。具体包括数据采集、存储、清洗、分析、应用等环节投入的设备、技术、人力等要素成本，以及为确保合规应用、隐私安全等支出的管理成本。对于自行采集、加工的数据资产，这一方法能够较为客观地反映其价值基础。但对于外购、交换获得的数据资产，其合理性有待进一步检验。

二是收益法。该方法立足数据资产的未来收益，通过测算其在一定时期内为持有者带来的预期收益，来确定其当前价值。这里的收益，既包括数据资产直接带来的货币收入，也包括其带来的成本节约、效率提升等间接经济效益。例如，利用大数据优化营销策略，提升产品销量；利用数据分析指导科研攻关，缩短新产品研发周期，都应视作数据资产创造的价值收益。这一方法直击数据价值变现的本质，但受数据应用场景、效益测算等诸多因素影响，实践中往往难以准确估值。

三是市场法。该方法参照相似的数据交易案例，比较估值对象与参照物在数据量、质量、应用场景等方面的异同，并进行适当修正，以此确定数据资产的市场价值。这一方法简单直观，容易理解和操作。但在实践中，由于缺乏足够的可参照交易案例，且不同数据资产的个性特征较难量化比较，市场法的实际应用尚不广泛。随着数据交易日趋活跃，未来该方法有望得到进一步推广。

四是效用法。该方法从数据价值实现的结果导向出发，重点关注数据资产在特定应用场景下为使用者带来的效用。例如，数据资产对提高经营管理水平、优化业务流程、创新产品服务的实际贡献，就构成了其效用价值的重要方面。这一方法立足数据应用价值，有助于突破单一的“经济学视角”，将数据红利的社会效用也纳入评估范畴。但如何界定效用内涵、量化效用指标，仍是摆在研究者面前的难题。

总的来看，以上评估方法各有侧重、各具特色，为数据资产价值评估提供了重要参照。随着评估实践的日趋丰富，不同评估方法之间的优势互补、交叉融合将成为必然趋势。

4.3 数据资产管理体系再造

在这个数据成为关键生产要素的时代，企业和组织面临着如何管理和最大化利用其数据资产的重大挑战。数据资产管理体系再造，成为实现数据资产化、发挥数据经济价值的关键一步。

数据资产负债表盘点数据“家底”

盘活数据资产，当务之急是推动数据资产负债表建设，将无形的数据资产“显性化”，纳入企业资产管理体系。数据资产负债表，简言之，就是运用资产负债表的方法对企业的数据资产进行管理，将数据资产与其他有形资产统一纳入企业资产负债表进行核算、评估、管理。这就要求企业必须系统梳理数据资产，摸清“家底”，评估价值，形成全面、准确的数据资产目录和价值清单。

构建数据资产负债表，首先，要建立科学的数据资产评估体系。由于数据资产具有非排他性、非稀缺性等特点，传统的有形资产评估方法难以直接应用。因此，亟须创新评估理念、完善评估指标，综合考虑数据资产的规模、质量、应用价值等多重因素，形成一套行之有效的数据资产价值评估模型。比如，可以从数据资产的基础属性、稀缺属性、质量属性、增值属性等维度入手，构建多层次、多维度的数据资产评估指标体系。对内可引导企业优化数据资源配置，对外可方便企业参与数据要素市场交易。

其次，要加强数据资产的分类管理。针对不同类型的数据资产，要探索建立分类管理机制。一是按照数据来源分类。将数据资产划分为内部数据和外部数据，有针对性制定管理策略。二是按照数据属性分类。对结构化、半结构化、非结构化等不同属性的数据，采取差异化的管理方式。三是按照数据应用分类。结合数据资产在营销、生产、管理等领域的实际应用，实行领域化、专业化管理。通过分门别类、各司其职，促进数据资产的精准管理和高效利用。

最后，要强化数据资产的统筹协同。打破部门间的数据壁垒，将分散在各个业务系统的数据进行集中管理，形成全企业统一的数据资产视图。利用主数据管理、元数据管理等技术，实现数据资产的统一采集、存储、标准化，为后续数据共享交换、关联分析奠定基础。同时，建立健全数据资产管理的标准规范和流程制度，明确管理责任、优化管理流程，促进数据资产在采集、存储、应用等环节无缝衔接，最大限度地盘活数据资产，释放数据价值。

数据资产多维统筹

在海量、多源、异构数据汇聚而成的洪流中，如何厘清头绪，构建科学有序的数据资产管理体系，成为摆在各界面前的重要课题。唯有厘清思路、把准脉络，方能在纷繁复杂的数据世界中找到清晰路径，驾驭数据这匹奔腾的“烈马”，让其真正成为驱动创新发展的“新引擎”。

首先，分类分级是基础。海量异构数据蜂拥而至，如果囫囵吞枣、不加甄别，必然会让人眼花缭乱、无所适从。因此，夯实数据资产管理的基础在于厘清数据资产的类型及其特征，构建科学的分类分级框架。一方面，要按照数据来源将数据资产划分为政府数据、社会数据、企业数据、个人数据等不同类型，针对不同类型制定有针对性的管理策略。另一方面，要按照数据资产的价值、风险等维度设置不同的管理级别，对高价值、高风险的数据资产实施重点管控。分类分级为后续管理提供了基本坐标和重要抓手，是实现管理精细化的关键一招。

其次，安全是底线。“木桶效应”告诉我们，一只木桶能装多少水，取决于其最短的那块木板。数据资产管理亦是如此。再科学的顶层设计、再精细的分类分级，如果没有可靠的安全保障作为支撑，一旦发生数据泄露、非法交易等风险事件，其后果不堪设想。因此，必须立足数据资产的全生命周期，强化数据采集、传输、存储、交易、销毁等环节的安全管控，筑牢数据安全防线。要运用密码技术、区块链等先进技术手段，加强数据全流程加密保护和可信验证。对于关键信息基础设施掌握的核心数据资产，还要按照更高的安全标准实施管理，织密织牢安全防护网。唯有如此，才能为数据资产管理体系构筑坚实的安全底座。

再次，开发利用是关键。只有让数据活起来、用起来，盘活存量、做优增量，才能真正实现数据价值、催生数据红利。对此，要坚持问题导向，聚焦经济社会发展的重大需求和民生领域的迫切需要，分领域推进数据资产的深度开发利用。比如，在宏观调控领域，加强经济运行、市场监管等公共数据的汇聚分析，为科学决策提供数据支撑；在产业发展领域，推动工业、农业、服务业等行业数据的融合应用，为传统产业数字化、智能化赋能；在民生服务领域，促进教育、医疗、交通等数据的协同利用，为人民群众提供更加优质、高效、便捷的服务。开发利用是数据资产管理的落脚点，把准脉搏、对症下药，必将推动经济提质增效、国计民生改善。

最后，交易流通是活力之源。数据作为一种新型生产要素，只有流动起来才能产生价值。构建科学规范的数据交易机制，打通政府部门、社会机构、市场主体等多元数据供需渠道，让数据资产“流”起来，是激发数据价值的内在要求。对此，要加快培育发展数据要素市场，建立统一规范、竞争有序的数据交易规则和平台，促进数据资源在部门间、区域间、行业间高效配置。

夯实数据资产管理制度基石

一分部署，九分落实。数据资产价值评估作为一项开创性工作，仅有理念和方法还远远不够，必须在制度规则、标准规范等方面持续发力，强化顶层设计，夯实微观基础，为数据资产价值评估插上腾飞之翼。

首先，要健全法律制度。数据资产评估内生地依赖于明晰的产权边界。只有厘清数据的权属归属、确立数据资产的法律地位，数据资产评估才有恃无恐、才能有的放矢。当前，要加快推进数据产权立法，出台数据产权保护法等专门法律，从法律层面厘清数据采集、加工、应用等环节的权责边界。同时，要抓紧制定数据资产评估管理办法，明确评估主体、评估程序、责任追究等基本规则，为数据资产评估提供制度遵循。

其次，要完善评估标准。没有规矩不成方圆。标准化是数据资产评估的基本前提。当前，数据资产评估在分类、定级、定价等方面尚缺乏统一标准，容易造成评估结果的参差不齐、标准不一。对此，要加快建立政府主导、市场参与、多方协同的标准化工作机制，分领域制定数据资产分类分级、质量评估、价值定价等系列标准，重点在电信、金融、交通等数据资产集聚行业率先突破，以点带面，树立标杆，为数据资产评估提供基本依据。

再次，要培育评估市场。市场化机制是优化资源配置的必由之路。经过多年发展，我国已初步建立起覆盖房地产、矿业权等领域的资产评估市场体系，但针对数据资产的专业化评估服务仍然缺位。未来，要按照“放管服”要求，加快培育数据资产评估市场主体，鼓励评估机构、行业协会等开展数据资产评估咨询、宣传培训等专业化服务，推动建立权威的数据资产评估机构和行业自律组织，促进形成公平竞争、规范有序的数据资产评估市场生态。

最后，要加强人才建设。数据资产评估是一项复合型工作，既需要深厚的理论功底，又需要丰富的实践经验，既需要懂数据、懂技术，又需要熟悉经济、管理、法律等多学科知识。目前，复合型评估人才还十分匮乏。未来，要将数据资产评估人才队伍建设作为大数据人才发展体系的重要方面，加强相关学科专业建设，促进多学科交叉融合。同时，鼓励高校、科研院所与评估机构、行业企业协同培养评估人才，在实践中锻炼和提升数据资产评估人才的专业素质和实战能力。

第二部分 制度规则（政策篇）

在数字时代的乐章中，制度与规则犹如旋律，时而低沉舒缓，时而高亢激昂。它们构成了数据资产化进程的基础框架，引领着数据音符在错综复杂的现实世界中流淌。当前，我们正站在一个制度建设的关键节点，面对数据驱动的社会经济变革，亟须一套与之相适应的制度规则，为数据释放红利铺平道路，为创新发展插上翅膀。

事实上，数据治理绝非一个纯粹的技术议题，而是牵涉主权博弈、文化差异、伦理选择等诸多维度。这些看似遥远的宏大叙事，实则深刻影响着数据政策的走向。从数据主权到个人隐私，从分类分级到跨境流动，无不凸显制度设计所蕴含的价值权衡。正是在权衡利弊、平衡差异的过程中，数据治理的"道"才徐徐呈现。

这一"道"体现为一种动态均衡。面对技术、市场、社会的高速迭代，静态、单一的制度设计难以为继。我们需要在坚守底线的同时，保持开放、灵活的姿态，以制度创新回应时代变革。这意味着要以发展的眼光看待数据治理，将其视为激发创新活力、推动增长方式转变的关键抓手。同时，又要以人文关怀温暖人本精神，将数据视为连接人与世界的纽带，将隐私保护、伦理约束融入治理全过程。唯有在创新驱动和价值引领间找到平衡，方能绘就数据治理的美好蓝图。

在这一动态均衡中，中国方案独树一帜。中国在延续本土智慧的同时，积极吸纳全球经验，在法律、标准、政策等层面进行了系统性探索。从网络安全、数据安全到个人信息保护，一系列法律法规的出台，初步构建起兼具中国特色与国际视野的数据治理体系。在全球治理舞台上，中国秉持共商共建共享理念，力推全球数据治理规则，为构建网络空间命运共同体贡献力量。

第 5 章

无界数据流：寻找平衡点

在数据无界流动的趋势下，如何在维护国家数据主权的同时，促进数据资源的全球化配置和价值释放，是摆在各国政策制定者面前的一道时代难题。这一难题之所以棘手，源于其错综复杂的利益博弈和价值权衡。一方面，数据主权事关国家安全、经济竞争力和社会发展，是数字时代国家主权的重要体现。另一方面，数据流动又是全球化的内在要求，对于提升资源配置效率、优化全球产业分工、推动科技创新至关重要。

5.1　数据主权的演进与博弈

在数字化时代的晨光下，数据流动如血液般贯穿全球经济的每一个细胞，激发着创新的脉搏，推动着跨国界的合作与竞争。数据主权这一既古老又崭新的概念，在全球化的大潮中被赋予了新的生命和紧迫性。它触及国家治理的核心，挑战着全球治理结构，影响着每个国家和地区的政策制定。

从隐私保护到国家主权

数据主权是指一个国家对其所产生、掌握的数据享有管辖权和控制权，能够根据本国法律法规自主决定数据的采集、存储、传输、使用、交易等活动。在数据经济时代，数据主权已经上升为国家主权的重要内涵。

首先，关系国家政治安全。掌握关键信息基础设施、重要数据资源等事关国家核心利益的数据主导权，直接影响着国家的政治稳定、执政安全和社会治理等。一旦关键数据遭受攻击、破坏、泄露，将严重危害国家政权安全。

其次，关系国家经济安全。数据是驱动数据经济发展的核心要素，代表着新的生产力、竞争力。美国、欧盟等发达经济体凭借其先发优势，实施"数据殖民"战略。巨头企业跨国数据收集能力不断增强，对他国形成技术和规则的"锁定效应"。这让我国面临严峻的技术封锁和产业链"卡脖子"风险。

最后，关系国家文化安全。互联网信息内容生产、流通、消费过程中产生的文化数据资源，事关国家意识形态安全、价值观塑造、文化话语权等。一些发达国家利用互联网平台和信息技术优势，对我国进行文化渗透和价值观输出，对国家文化安全和民族复兴构成隐患。

在全球化的浪潮中，数据流动无疑是推动经济发展、促进技术创新的重要动力。跨国公司依赖于数据的自由流动来优化其全球运营，国家和地区通过分享数据来提高公共健康、安全和福祉。然而，这种无界限的数据流动也引发了对数据安全、隐私保护和国家安全的深刻担忧。数据主权的核心议题便是如何在不阻碍数据自由流动的同时，确保国家能够保护其公民和企业不受外部威胁。

数据主权的演化是对全球化和数字化挑战的响应。在数据经济初期，数据的价值和潜力尚未被完全认识，数据流动相对自由，主权问题并不突出。然而，随着大数据、云计算和人工智能等技术的发展，数据的经济和战略价值变得显而易见。国家开始意识到，数据不仅是经济增长的催化剂，也是国家安全的关键要素。因此，数据主权的讨论从个人隐私权益扩展到国家层面的数据控制权，形成了今天我们所理解的数据主权概念。

数据主权的定义在不同的讨论中有所不同，但核心在于一个国家对其境内数据的控制能力。这包括数据的生成、存储、处理和跨境传输等方面。数据主权的维护被视为一种国家自主权的体现，是国家在全球数据经济中维护其利益、保护公民权利和增进社会福祉的基石。同时，数据主权也是一把“双刃剑”，过度的数据本地化要求和跨境数据流动限制可能会阻碍国际贸易和创新，对全球经济产生负面影响。

■ 数据主权的利益博弈

当前，数据流动的全球化既是经济全球化的一个重要方面，也是国际合作与竞争的新战场。然而，这一进程同样引发了对数据主权的深刻思考，即国家在全球数据流中维护其控制权的能力与权利。这种权利的维护，既是对国家主权的现代诠释，也是对全球化背景下国家安全、经济利益与个人隐私保护之间微妙平衡的追求。

从经济角度分析，数据主权与全球数据流动之间的关系呈现出一种紧张但不可分割的状态。数据流动的自由化对于促进国际贸易、提高生产效率、推动技术创新具有无可争议的价值。企业依赖全球数据流动来优化其运营，拓展市场，创新服务。然而，当数据流穿越国界时，它们也携带着关于隐私、安全和国家利益的问题。一些国家通过实施数据本地化政策来强化数据主权，要求企业在本地存储和处理数据。这种做法虽然在一定程度上保护了数据安全和用户隐私，但同时也增加了企业的运营成本，限制了数据的自由流动，甚至可能抑制了创新。

政治与法律角度提供了另一个理解数据主权与全球数据流动冲突的视角。数据主权的维护在很大程度上取决于国家制定的法律和政策。例如，欧盟 GDPR 是一项旨在保护数据隐私和个人信息安全的法律，它对数据跨境传输设定了严格的限制。GDPR 体现了一种尝试在维护数据主权和促进数据流动之间找到平衡的法律框架。然而，不同国家和地区对数据保护的要求差异巨大，这种法律与政策的碎片化对全球企业构成了巨大挑战，增加了跨境数据传输的复杂性和不确定性。

技术与安全角度则为我们提供了一种寻找平衡的可能路径。随着加密技术、区块链等先进技术的发展，数据跨境传输的安全性得到了极大增强，为数据主权与全球数据流动之间的平衡提供了技术支撑。技术创新不仅可以加强数据的保护，还可以提高数据处理的效率和透明度，从而降低国家对数据流动的担忧。此外，云计算和边缘计算等技术的应用，也在一定程度上解决了数据本地化的需求，使数据可以在满足法律要求的同时保持高效流动。

5.2 平衡保护与开放

数据的无界流动不仅加速了信息的传播，促进了知识的共享，还为企业创新提供了无限可能，推动了全球市场的融合与发展。然而，随着数据流动的日益频繁，如何在保护个人隐私、确保数据安全与促进数据开放之间找到一个合理的平衡点，成了一个亟待解决的全球性问题。

保护与开放的两难困境

保护与开放构成了数据流动领域的两大需求，它们在很多情况下是相互竞争甚至相互矛盾的。一方面，数据保护的必要性日益凸显。个人隐私保护成为全球公众关注的焦点，随着数据泄露事件的频发，人们对于个人信息安全的担忧日益增加。在这样的背景下，数据保护不仅是维护个人隐私权的要求，更是维系社会信任、保障国家安全的关键。另一方面，数据的开放与共享同样具有极高的价值。它能够降低知识传播的壁垒，加速科学研究和技术创新，为经济发展注入新的活力。特别是对于那些依赖数据驱动的新兴产业而言，开放的数据环境是其生存和发展的土壤。

然而，这两方面的需求往往难以兼得。过度的保护可能会导致信息孤岛的出现，阻碍知识的流动和创新的产生；过度的开放则可能会侵犯个人隐私，甚至威胁到国家安全。因此，寻找一个既能保障个人和社会的基本需求，又能促进经济和科技发展的平衡点，成为政策制定者、企业和技术开发者面临的重大挑战。

要解决这一挑战，首先需要深入理解保护和开放的内在逻辑。在保护方面，隐私权是现代社会的基本人权之一，其保护不仅关乎个人的尊严和自由，而且是社会公正和民主的基石。此外，随着数据经济的发展，数据安全问题日益突显，数据泄露、滥用等事件频发，严重威胁了个人财产安全和国家安全。因此，加强数据保护，建立健全的数据安全机制，成为维护国家安全和社会稳定的必要条件。在开放方面，数据的价值在于使用和分析。数据开放可以促进跨界合作，加速知识的积累和创新的产生，对于提高社会生产力、推动经济发展具有重要作用。特别是在全球化背景下，数据流动的畅通无阻，对于构建开放型世界经济体系、促进全球治理体系的完善和国际合作的深入具有重要意义。

法律、政策与技术的多维度探索

正如前面所分析的，探索数据的无界流动，我们面临一个时代性挑战：如何在保护个人隐私、维护数据安全与推动数据开放之间找到一个合理的平衡点。这一挑战不仅关系到技术与法律的边界，更触及经济利益与社会伦理的深层次冲突。然而，在这个议题上，没有一成不变的答案，只有不断适应变化的社会需求与技术进步的平衡艺术。

我们必须认识到数据保护的重要性是多维度的，它关乎个人隐私的尊重、数据安全的保障以及国家安全的考量。在数字化日益深入人类生活的今天，个人数据的泄露不仅可能导致经济损失，更可能侵害到个人的隐私权与自由。同时，数据的安全性不仅是技术问题，也是社会信任的基石。此外，从国家安全的角度看，数据流动的无界性可能使关键数据资产面临外部威胁，这要求我们在推动数据开放的同时，不可忽视数据保护的必要性。

然而，数据的开放也同样重要，它是推动经济发展、促进社会创新的重要动力。数据的流动可以激发新的商业模式，促进资源的高效配置，增加经济效益。在公共领域，开放的数据可以增强政府透明度，提升公共服务的效率与质量。因此，我们面临的挑战是如何在确保数据安全的基础上，最大化数据开放的社会与经济价值。

在寻找平衡点的过程中，立法与政策框架发挥着至关重要的作用。通过设立合理的法律框架，可以为数据的保护与开放提供明确的规则与指导。然而，法律与政策的设定与执行往往需要在不同利益主体之间寻求平衡，这要求政策制定者充分考虑到技术发展的现实情况与未来趋势，以及数据流动对经济社会的深远影响。

从经济学的视角来看，数据流动的成本与效益分析为我们提供了另一个重要的分析维度。数据开放带来的经济效益与社会价值需要与数据保护的成本进行权衡。这种权衡不仅体现在直接的经济成本上，更体现在对个人隐私权、数据安全与社会信任的潜在影响上。因此，在制定数据流动政策时，需要综合考虑数据开放与保护的直接与间接效应，以及这些效应对不同利益主体的影响。

5.3 构建数据流动新秩序

在全球化的经济背景下，跨境数据流动不仅促进了商业创新，提高了生产效率，还为消费者带来了更多的便利和选择。然而，随着数据流动的加速，数据治理、隐私保护以及跨境数据流动的安全等问题也日益突出，成为制约数据自由流动的重要因素。

信任赤字与碎片化架构

在全球化的今天，数据的价值已经不再局限于单一国家或地区，跨境数据流动已成为国际商业活动的常态。然而，尽管跨境数据流动的潜力巨大，但其发展过程中也面临着一系列复杂的挑战。

首先，法律与监管差异是跨境数据流动面临的最大挑战之一。不同国家对数据的治理有着不同的法律和规定，这些差异在数据跨境流动时尤为突出。例如，欧盟 GDPR 为数据隐私设定了严格的保护标准，而其他国家或地区的数据保护法律可能远没有 GDPR 那样严格。这种法律上的差异导致企业在进行跨境数据流动时必须同时遵守多个国家或地区的法律要求，这便增加了企业的运营成本和复杂性。

其次，数据隐私与安全问题是数据跨境流动中的重要挑战。数据在跨国传输过程中，可能会被非法截取或滥用，威胁到个人隐私和企业机密。随着网络攻击手段的日益高明和频繁，如何在保障数据自由流动的同时确保数据的安全和隐私，成为一个亟待解决的问题。企业和政府需要投入大量资源来加强数据保护措施，以防止数据泄露和滥用。

最后，技术标准与兼容性问题制约了跨境数据流动的效率。不同国家和地区在信息技术和数据管理方面可能采用不同的技术标准，这些标准的不一致性使数据在跨境流动时需要进行额外的转换和处理，因而降低了数据处理的效率，增加了数据管理的复杂度。此外，技术的快速发展意味着标准需要不断更新，这对于跨境数据流动的管理构成了持续的挑战。

挑战的背后，是全球化与国家主权之间的天然张力。数据流动的全球性要求跨国统一的规则和标准，而每个国家又有维护自身安全和利益的需求。如何在促进全球经济一体化的同时尊重每个国家的法律和文化差异，是跨境数据流动面临的根本性问题。此外，技术的不断进步虽然为数据流动提供了新的可能，但也带来了新的隐私和安全挑战，这要求法律、技术和国际合作必须同步进化，以适应快速变化的全球数据环境。

基于规则的数据全球治理体系构建

在全球化的经济体系中，数据流动的自由性是提高效率、促进创新的关键因素。然而，数据跨境流动所面临的最大挑战之一就是如何在不同国家和地区之间建立互信机制。欧盟 GDPR 便是一个典型例子，展示了通过建立严格的数据保护标准和合规要求来促进数据流动的可能性。GDPR 不仅为数据保护设定了高标准，而且通过其“充分性决定”机制，允许与欧盟达到“充分保护”标准的国家和地区之间的数据流动，从而创建了一个基于互信的数据流动框架。

此框架之所以成功，关键在于其深入到了信任的核心——确保数据在流动过程中的保护标准得到国际的认可和尊重。通过这种方式，GDPR 不仅提升了数据保护的全球标准，而且促进了基于规则的、安全的数据跨境流动。这一创新模式的底层逻辑在于通过建立共享的法律和监管框架来降低数据跨境流动的不确定性和风险，从而增强不同国家和地区间的合作与信任。

另一个值得关注的创新模式是通过区域协议促进数据流动。全面与进步跨太平洋伙伴关系协定（以下简称 CPTPP）便是其中的佼佼者，它通过成员国之间的协议，创建了一个促进数据自由流动和禁止数据本地化要求的区域性框架。CPTPP 之所以具有创新性，是因为它直面了数据跨境流动的政治和经济挑战，试图通过区域合作来克服这些障碍。

CPTPP 的成功在于其能够协调成员国间的数据保护标准，同时促进了电子商务和数字贸易的发展。这一模式的底层逻辑是通过经济整合和政策协调，实现了对数据流动的共同管理，减少了跨境数据流动的法律和监管壁垒。此外，CPTPP 还体现了如何在维护数据安全和隐私的同时，支持和促进数字经济的增长和创新。

在企业层面，跨国公司如何管理跨境数据流动同样展现了创新的模式。面对全球化的业务需求和复杂的法律监管环境，许多跨国企业开始采用先进的技术和内部政策来确保数据在国际安全、合规地流动。例如，通过建立统一的数据治理架构，使用加密技术和匿名化工具来保护数据，在保证数据流动性的同时，也满足了不同国家对数据保护的要求。

这些企业的创新之处不仅在于技术应用，更在于它们如何在全球范围内统筹考虑合规性、安全性与业务效率。通过内部政策的制定和执行，以及与全球数据保护标准的对接，这些企业能够在维护数据隐私和安全的基础上实现数据的高效流动。这种模式的底层逻辑在于通过企业级的创新和自我调节，解决了跨境数据流动中的技术和法律挑战，展示了私营部门在推动数据自由流动方面的潜力。

无论是基于互信的数据流动框架、区域数据流动协议，还是企业级跨境数据管理模式，它们共同的目标是寻找一种既能保障数据安全和隐私，又能促进数据自由流动的平衡点。这些模式的成功实施，向我们展示了如何在保护和促进数据流动之间找到合适的平衡，从而为全球数据资产化的进程贡献力量。

5.4　深化国际合作的开放与共赢

随着数据流动性的增加，国际的数据合作成为促进全球经济一体化、提高治理效率以及推动科技创新的关键。然而，这种无界数据流动同时也带来了一系列挑战。在这一过程中，也有一些国际数据合作的典范，为我们提供了宝贵的经验和启示，并为未来的国际数据治理提供了可行的路径。

夯实数据流动的制度基础

在国际数据合作中，政策协调与标准化是实现数据跨境流动的基石。这一进程的核心在于解决不同国家和地区在数据保护法律、隐私政策以及技术标准上的差异，从而构建一个安全、高效的全球数据环境。政策协调的目标是通过对话和合作，寻找各方可以接受的共同点，以实现政策的一致性和互认。标准化工作则关注于制定一套共同的技术和操作规范，以确保数据的顺畅交换和处理。

一个典型的案例是欧盟 GDPR 与日本《个人信息保护法》（以下简称 APPI）之间的相互认证。GDPR 自 2018 年生效以来，已成为全球数据保护领域的标杆，对企业处理欧盟内外公民数据的方式提出了严格要求。日本为了加强与欧盟的数据流动，也对 APPI 进行了改革，以确保与 GDPR 的标准相一致。经过双方的密切合作和谈判，2019 年欧盟委员会最终宣布对日本提供数据保护水平的等效性决定。这标志着双方在数据保护方面达成了高度一致，为双方数据的自由流动铺平了道路。

这一成功案例背后的底层逻辑在于，通过政策协调与标准化，不仅可以消除法律和规范的壁垒，还可以增强各国在数据保护方面的信任。这种信任是数据跨境流动的前提，因为它确保了数据在传输过程中的安全性和隐私性。同时，这也反映出一个更深层次的认识：在全球化的背景下，数据流动不应受到不必要的阻碍，而是应该在保障个人隐私和数据安全的基础上促进信息和资源的共享。

当然，实现政策协调与标准化的过程并非没有挑战。首先，不同国家和地区在数据保护理念、法律体系以及监管实践上存在差异，这使达成共识需要克服重重困难。其次，技术的快速发展也给政策协调带来了挑战，因为需要不断更新标准以适应新的技术环境。面对这些挑战，欧盟与日本之间的合作提供了一个重要的解决思路，即通过建立对话机制、加强技术交流以及推动政策的互认和适应，从而达成协调一致的目标。

政策协调与标准化在促进国际数据合作中发挥着至关重要的作用。它不仅是实现数据自由流动的基础，也是构建全球数字经济秩序的关键。从 GDPR 与 APPI 之间的相互认证，我们可以看到，在保护隐私和促进数据流动之间找到平衡点是可能的，而政策协调与标准化正是实现这一目标的有效途径。

■ 打通数据互联互通的“最后一公里”

在国际数据合作的范例中，技术合作与互联互通无疑占据了核心地位。这不仅因为技术是实现数据流动的基础，也因为它是跨越国界合作的桥梁。通过技术合作，国家之间能够共同构建一个更加开放、安全、高效的全球数据生态系统。在这一过程中，全球卫星观测系统合作项目便是一个突出的例子。它不仅展示了技术合作的巨大潜力，而且揭示了实现这一目标所面临的复杂挑战及其解决途径。

全球卫星观测系统合作项目是一个由多国政府、国际组织以及科研机构共同参与的大规模合作项目。其目的在于通过共享卫星数据和相关技术资源，支持全球环境监测、气候变化研究、自然灾害预警等公共利益领域的应用。该项目的实施，依赖于参与方之间的技术合作与数据互联互通。通过统一的数据格式和共享协议，以及先进的加密和数据传输技术，合作伙伴得以安全高效地交换海量的观测数据。

这种国际的技术合作模式背后的底层逻辑，在于识别并克服了数据共享中的关键障碍。首先，数据格式的标准化是实现数据互联互通的基础。不同国家和机构的观测系统可能采用不同的技术标准和数据格式，这在本质上限制了数据的可共享性。通过建立统一的数据标准，全球卫星观测系统合作项目成功地实现了数据的无缝对接和高效利用。

其次，数据传输的安全性是合作项目成功的关键。在国际数据交换中，如何保证数据在传输过程中的安全，防止数据泄露和滥用，是一个极其重要的问题。该合作项目采用了先进的加密技术和严格的访问控制机制，确保只有授权用户才能访问特定的数据集，从而在保障数据安全的同时，促进了数据的共享和利用。

然而，技术合作并非没有挑战。技术标准的统一、数据安全的保障、合作机构间的信任建设等，都是需要克服的障碍。在这一过程中，国际的开放沟通和共识形成显得尤为重要。参与方需要在保护各自国家和机构利益的同时，寻找共赢的解决方案，这往往涉及复杂的谈判和协调。

全球卫星观测系统合作项目的成功实践，展现了技术合作在促进国际数据互联互通中的巨大潜力。通过共享数据和技术资源，各国能够共同应对全球性挑战，如气候变化、自然灾害等。这一模式为其他领域的国际数据合作提供了宝贵的经验，特别是在如何建立有效的合作机制、如何克服技术和政策障碍等方面。

■ 构建数据全球化下的命运共同体

国际数据合作的经济逻辑不仅仅是关于数据流动的优化，在更深层次还涉及如何通过数据合作实现各方的经济利益最大化和风险最小化。这种经济利益的追求促使国家之间建立起基于共赢策略的数据合作框架，从而推动了全球数据资产的价值实现和风险共担控。

亚太经济合作组织（以下简称 APEC）的跨境隐私规则系统便是一个突出的例证。该系统旨在促进区域内数据的自由流动，同时确保个人隐私得到保护。通过建立一套共同的数据保护标准，APEC 成员经济体之间的数据流动变得更加顺畅，有助于降低企业在跨境交易中的合规成本，并促进了电子商务和数字贸易的发展。这一机制的成功实施，展现了如何在保护隐私的前提下通过国际合作促进经济利益的共赢。

经济利益的共赢不仅体现在促进贸易和投资的便利化上，更在于通过数据合作推动技术创新和产业升级。以全球卫生数据的合作为例，不同国家和地区之间通过分享公共卫生数据、研究成果和治疗方案，加速了全球范围内流行病预防和治疗方法的研发。这种合作为参与国家带来了直接的经济利益，如提升本国的医疗健康产业发展，增强国际科技合作和创新能力。

然而，构建经济利益共赢的国际数据合作框架并非没有挑战。数据主权、数据安全和隐私保护等问题是必须面对的重要障碍。在这一过程中，如何平衡国家安全、公共利益与经济发展的需求，是各国政府和国际组织需要共同探索的问题。此外，不同国家在数据政策和法律规范上的差异，也为国际数据合作带来了复杂性。解决这些挑战，需要国际社会共同努力，通过对话和协商，建立更为灵活和包容的国际数据合作机制。

第 6 章

中国实践：数据治理的法律政策体系

在新一轮科技革命和产业变革的时代浪潮中，中国以开放、创新、协调、绿色的姿态，积极推进数据治理体系和治理能力现代化，为全球数据治理贡献中国智慧和中国方案。纵观中国数据治理的征程，从顶层设计到法律制度，从标准规范到产业生态，一系列引领性、开创性的举措不断推出，标志着中国数据治理进入了快车道。

6.1 中国数据治理的现代化进程

最新研究表明，随着技术进步和政策支持的双重推动，数据已成为推动国家竞争力提升的关键因素。特别是在人工智能、机器学习和云计算技术的加速发展下，数据的价值被进一步放大，中国在这一领域的探索尤为引人注目。同时，中国在数据治理和国际数据交流合作方面的新举措不仅为中国的数字化转型提供了坚实基础，而且为全球数据资产化的发展趋势提供了重要参考。

从数字化到智能化的跨越

作为世界上最大的数据产生和消费国之一，中国对于数据及其在数字化转型中的战略定位有着清晰而坚定的规划。随着《中国制造 2025》《数字中国建设发展战略》等一系列政策文件的发布，中国政府将数据定位为国家发展战略的核心组成部分，旨在通过深化数据的集成应用和创新发展，加速构建数字经济、数字社会和数字政府，实现经济高质量发展。

据相关统计数据，如图 6－1 所示，中国数字经济规模从 2015 年的 18. 6 万亿元增至 2020 年的 39. 2 万亿元，年复合增长率约 16%；2020 年数字经济规模已达到 39. 2 万亿元，2025 年有望超过 80 万亿元；随着占 GDP 比重逐年提升，数字经济成为拉动经济增长的重要力量。

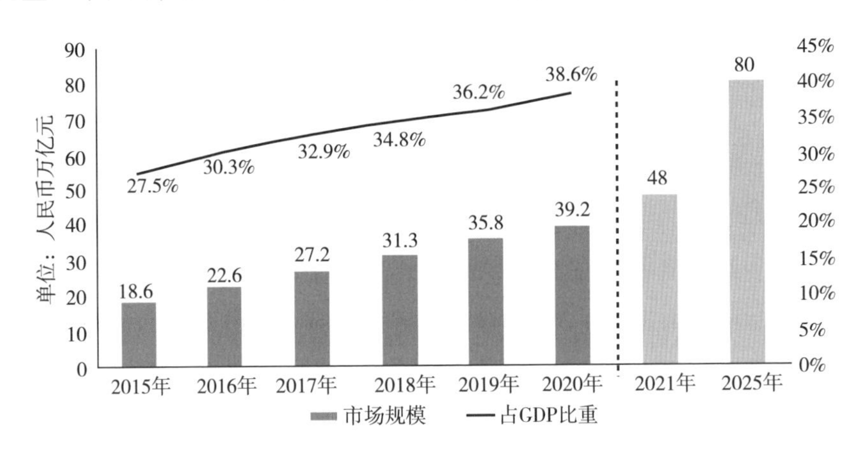

图 6－1　中国数字经济规模

资料来源：安信国际《2022 中期通信行业投资策略：基本面稳中向好，数字经济下迎来新机遇》

这一成就的取得，离不开中国对数据的高度重视和积极推动。在此过程中，数据不仅仅被视为技术问题，更是被赋予了经济价值和战略资源的属性。通过对大数据、云计算、人工智能等关键信息技术的深度融合应用，中国正加速推进产业数字化转型，促进传统产业升级，培育经济发展新动能。

在战略定位上，中国将数据视为实现经济结构转型的关键路径。通过推动数据资产化，中国正积极探索数据在经济社会发展中的新业态、新模式，如通过数据交易市场的建立和完善，促进数据资产的流通和价值实现，进一步激发数据的创新活力和经济潜力。

数据安全与个人信息保护双轮驱动

中国在数据治理方面的立法和政策建设，展示了其对于建立一个全面、高效和安全的数字经济体系的坚定承诺。自《中华人民共和国网络安全法》（以下简称《网络安全法》）于2017年正式实施以来，中国便开启了数据治理法律法规体系的快速构建之路。《网络安全法》不仅标志着中国网络安全立法的一个新纪元，同时也奠定了数据治理基础法律框架的基石，强调了网络运营者的数据保护责任，对个人信息和重要数据的收集、存储、传输、处理和使用等环节提出了严格要求。

《网络安全法》的法律适用范围在于中国境内建设、运营、维护和使用网络，以及网络安全的监督管理。其调整与规范范围主要有七点，包括：网络空间主权；国家网络安全等级保护制度；关键信息基础设施保护；网络运营者、网络产品和服务提供者义务；保障网络信息安全；个人信息保护；关键信息基础设施重要数据跨境传输；监测预警与应急处置。其核心要点如下：

表6-1　《网络安全法》章节核心要点

章　节	核心要点
第一章　总　　则	维护网络空间主权和国家安全，网络安全与信息化发展并重
第二章　网络安全支持与促进	国家建立和完善网络安全标准体系，推进网络数据安全保护和利用技术
第三章　网络运行安全	实行网络安全等级保护制度，对关键信息基础设施实行重点保护
第一节　一般规定	国家实行网络安全等级保护制度，网络产品、服务应符合相关国家标准的强制性要求
第二节　关键信息基础设施的运行安全	对关键信息基础设施的部门分别编制，对其运营者规定应履行的安全保护义务

续表

章　节	核心要点
第四章　网络信息安全	建立健全用户信息保护制度
第五章　监测预警与应急处置	国家建立网络安全监测预警和信息通报制度，建立健全网络安全风险评估和应急工作机制
第六章　法律责任	对于违反规定的网络运营者进行警告、罚款或处分
第七章　附　　则	本法用语解释及施行时间

继《网络安全法》之后，中国又相继出台了《数据安全法》和《中华人民共和国个人信息保护法》（以下简称《个人信息保护法》），这两部法律进一步加强了对数据治理的规范。《数据安全法》着重于建立和完善数据安全保护制度，明确了数据活动中的安全保护义务，强调了数据安全的国家安全意义，并对数据的分类保护、重要数据的出境安全评估等提出了具体要求。《个人信息保护法》则是中国首部专门针对个人信息保护的法律，对个人信息处理活动的合法性、正当性、必要性原则作了明确界定，为个人信息保护提供了更加明确的法律依据和实施指南。

这一系列的法律法规构成了中国数据治理的法律框架，标志着中国在数据治理方面已经建立起一套较为完整的法律体系。此外，中国还通过发布一系列政策文件，如党的十九届四中全会第一次提出把数据作为生产要素，以及“数据二十条”等，从国家战略层面明确了数据治理和数据资产化的重要性和发展方向。这些政策文件既为数据治理提供了政策指导，也为数据资产化实践提供了战略支持。

总之，中国在数据治理法律法规的框架建设上已取得了显著进展，通过一系列立法和政策制定，为数据资产化和数字经济的健康发展提供了坚实的法律保障。

■ 积极参与全球数据治理

随着中国数字经济的迅猛发展，中国的数据战略不仅关乎其国内发展，也对全球数据体系产生了深远影响。中国在全球数据中的战略定位体现了其从一个积极参与者逐渐转变为引领者的过程，这一转变既基于对数据作为国家战略资源重要性的深刻认识，也反映了中国在全球经济中不断增长的影响力。

中国对于数据安全和数据主权的高度重视是其数据战略的重要组成部分。在全球数据的舞台上，中国坚定地维护数据主权和网络安全，强调每个国家都有权根据自己的国情和法律体系独立制定和实施数据政策。这种立场不仅体现了中国对数据主权的坚持，而且展现了中国在全球数据对话中维护国家利益和主权的决心。通过这种方式，中国在全球数据中的战略定位逐渐清晰，即既要保障国家数据安全，又要推动全球数据体系的建设和完善。

中国在全球数据中的贡献可以从其在国际对话和合作中的积极参与体现出来。随着中国在全球经济中的地位不断提升，中国也更加积极地参与到全球数据的规则制定过程中。在联合国、世界贸易组织、G20 等国际组织和多边机构中，中国不仅分享其在数据方面的经验和实践，也通过双边和多边渠道推动国际合作，促进数据规则的国际协调和统一。通过这些努力，中国在全球数据体系中扮演着越来越重要的角色，不仅为全球数据规则的制定和完善作出了实质性贡献，而且展现了中国作为一个负责任大国的形象。

同时，中国在推动全球数据规则的对话与合作方面作出了显著贡献。通过参与和支持国际组织和论坛中的数据讨论，中国促进了国际社会就数据规则达成共识。这种跨国界的合作和交流不仅加强了全球数据规则的沟通与协调，也有助于形成更加公平、透明和包容的全球数据环境。

在数据安全与个人信息保护领域，中国通过《数据安全法》和《个人信息保护法》的制定与实施，为全球数据体系的完善提供了宝贵的参考。这些法律不仅提升了中国内部的数据水平，也体现了中国在全球数据中的引领地位，为全球数据安全和个人信息保护树立了高标准。

最后，中国在构建全球数据的多边合作框架方面发挥了关键作用。通过“一带一路”倡议等跨国合作项目，中国与参与国家在数据领域展开了广泛合作，共同探讨和应对数据跨境流动、数据安全、数字贸易等全球性问题。这种跨国合作不仅促进了数据资源的跨境流动和有效利用，也为构建一个更加开放、安全和共赢的全球数据体系奠定了基础。

6.2 党中央擘画数据资产化宏伟蓝图

数据资产化不仅是技术进步的产物，更是推动全球经济转型和创新的关键力量，中国的数据资产化战略显得尤为重要。通过高层次的战略规划和具体的政策措施，中国正致力于构建一个更加开放、公平的数据流通和交易环境，旨在释放数据的巨大潜能，加速经济结构的优化升级，同时在全球数据治理体系中发挥领导作用。

把数据确立为关键生产要素

在中国的发展蓝图中，数据资产化备受各方重视。2019 年 10 月 31 日，党的十九届四中全会通过的《中共中央关于坚持和完善中国特色社会主义制度　推进国家治理体系和治理能力现代化若干重大问题的决定》中，第一次提出把数据作为生产要素。我国成为全球首个将数据确立为生产要素的国家。

随着数字经济的快速发展，数据已经成为重要的国家基础性战略资源，对推动社会生产力进步和经济结构优化升级具有重要作用。近年来，党中央公报多次强调要加快构建数字经济、数字社会和数字政府，明确提出要加快推进数据资产化、交易化，优化数据的流通机制和增值服务，这既是对当前数字经济发展趋势的准确把握，也是对未来经济社会发展方向的明确指引。

党中央对数据作为生产要素的战略定位，不仅体现在对数据价值认知的提升上，更在于通过数据资产化推动高质量发展的战略思路。数据资产化被视为提升国家治理现代化水平、促进经济结构转型和提高国家竞争力的重要途径。

实现数据资产化的目标，需要建立健全数据产权制度、完善数据流通和交易机制、加强数据安全和隐私保护。党的十九届四中全会明确提出，“健全劳动、资本、土地、知识、技术、管理、数据等生产要素由市场评价贡献、按贡献决定报酬的机制”，体现了在数字经济快速发展背景下社会主义基本经济制度的与时俱进，是一个重大的理论创新。此外，公报还强调了加强国际合作、推动构建公平合理的全球数据治理体系的重要性，旨在通过开放合作促进数据资源的全球流动和共享，共同应对数据资产化过程中的风险和挑战。

党中央文件对数据作为生产要素的战略定位，是对新时代中国发展新动能的深刻洞察和科学引领。这一战略定位既体现了对国家长远发展的战略考量，也彰显了中国作为负责任大国在全球数字经济发展中的积极行动和贡献。随着相关政策措施的逐步落实和完善，数据资产化在中国将迎来更加广阔的发展空间和更加丰富的实践探索，从而为构建人类命运共同体贡献力量。

数据资产化行动方案全面展开

在党中央文件对数据作为生产要素的战略定位确立之后，中国政府迅速将这一战略思想转化为具体的政策措施，并明确了实施路径。这一过程体现了中国政府将高层次的战略规划转化为实际可操作政策的能力，以及对推动数据资产化的坚定决心。

党中央文件对数据作为生产要素的战略，迅速在“数据二十条”等一系列政策文件中得到体现。这些政策文件涵盖了数据资产的识别、分类、评估、交易和保护等多个方面，为数据资产化的全面推进提供了法律和政策框架。

在政策的实施路径方面，中国采取了多层次、多维度的策略。在国家层面，国家数据局等专门机构负责协调推进数据资产化相关工作，确保政策的有效实施。地方政府也积极响应，根据自身实际情况，出台了一系列配套措施，推动地方数据资产化进程。例如，浙江省依托其在电子商务和数字经济方面的优势，率先在全国探索数据资产评估和交易机制，成功构建了一套较为完善的数据资产管理和服务体系。

在具体实施过程中，中国强调了数据资产化的示范引领作用。通过选定一批数据资产化应用示范项目，如智慧城市、数字乡村等，展示数据资产化的具体应用效果，推动数据资产化理念和方法的广泛传播和应用。这些示范项目不仅提升了公众对数据资产化的认知，也为其他地区和领域提供了可借鉴的经验。

从党中央文件到政府的政策文件，再到实施路径的规划和执行，中国在数据资产化方面展现了明确的战略思路和坚定的执行力。通过一系列政策措施的实施，中国的数据资产化进程正稳步推进，为数字经济的发展提供了强有力的支撑。随着相关政策措施的不断完善和实践经验的积累，中国的数据资产化将更加成熟和深入，为经济社会发展注入新的活力。

6.3 “数据二十条”重塑法律政策格局

全球范围内，数据资产化正迅速成为促进国家竞争力、企业创新能力和社会福祉的重要手段。中国的“数据二十条”不仅标志着国内数据治理体系建设的重要进展，也展示了中国在全球数据经济中的积极布局和战略意图。

完善数据基础制度体系

“数据二十条”的发布，标志着中国数据治理进入了一个新的阶段。这一政策文件不仅是对数据治理进程的明确指引，更是为数字经济的发展奠定了坚实的法律基础。在数字化转型的大潮中，数据已经成为最宝贵的资源之一。然而，数据的价值并不是自然而然就能实现的，它需要一个完善的法律和政策环境来促进其资产化过程，而“数据二十条”正是在这样的背景下应运而生。

“数据二十条”的发布标志着中国在数据资产化及数据治理领域迈出了坚实的一步。该政策文件明确了数据资产化的发展方向，强调了数据流通的重要性，并提出了具体措施以促进数据资源的高效利用，同时确保数据安全和个人隐私保护。

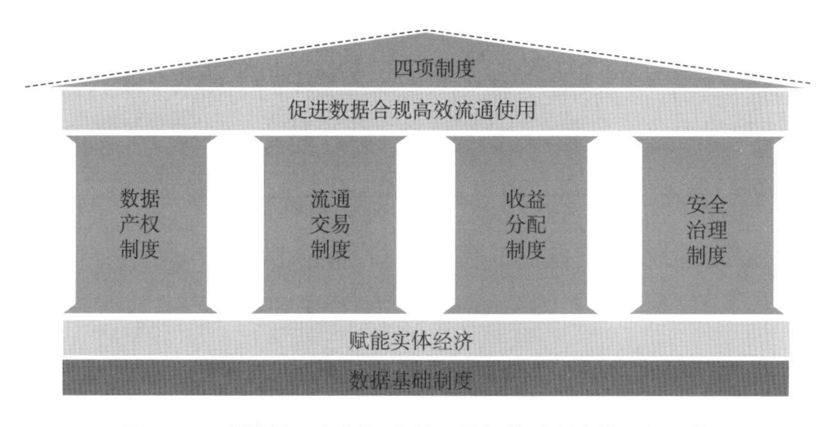

图6－2　“数据二十条”中关于数据基础制度的四梁八柱

资料来源：中信证券《反垄断系列报告之九——黄金股制度：统筹发展安全，鼓励民营经济》

在数据权益保护方面，“数据二十条”提出建立健全数据权益保护制度，明确数据权益的归属和使用规则，保障数据主体合法权益。这意味着，在数据资产化的过程中，数据的收集、使用、交易等活动必须遵循法律法规，尊重数据主体的权益，确保数据流通的合法性和合规性。

关于数据流通机制，“数据二十条”提倡建立统一开放、竞争有序的数据流通市场，鼓励数据按照法律法规和市场规则有序流动。政策明确支持跨行业、跨领域的数据共享和开放，同时强调要建立健全数据流通的监管机制，确保数据流通的安全性和有效性。这既为数据资产化提供了广阔的市场空间，也为数据流通中的风险控制提出了要求。

在数据安全与隐私保护方面，“数据二十条”强调加强数据安全管理和个人信息保护，建立完善的数据安全和个人隐私保护制度。这要求在数据资产化和数据流通的全过程中，必须采取有效措施保护数据安全，防止数据泄露、滥用等风险，保障个人隐私不受侵犯。

■ 确立数据财产权益新规则

在“数据二十条”的指引下，中国的数据资产化进程正在加速，这不仅对数据的管理、使用和保护提出了新的要求，也为构建更为全面和系统的法规框架提供了新的契机。“数据二十条”与现有的《网络安全法》、《数据安全法》和《个人信息保护法》等法律法规相衔接，共同构成了一个多层次、全方位的数据治理法规体系。这一体系旨在保障数据流通的安全性和高效性，同时保护个人隐私和数据权益，促进数据资产化的健康发展。

在实际操作层面，目前很多地方政府和行业主管部门正积极探索与“数据二十条”相适应的实施路径。例如，一些地区已经开始建立数据交易平台，制定了数据交易、数据共享的规范和标准，以便在确保数据安全和个人隐私的前提下，推动数据的有效流通和利用。

根据《2023 年中国数据交易市场研究分析报告》，2022 年我国各行业数据交易市场规模前五大领域为金融、互联网、通信、制造工业、政务，占比分别为 35%、24%、9%、7%、7%；预计到 2025 年，金融、互联网、通信、制造工业、医疗健康行业数据交易市场规模分别为 710.8 亿元、470.6 亿元、185.5 亿元、166.6 亿元、137.3 亿元（见图 6－3）。

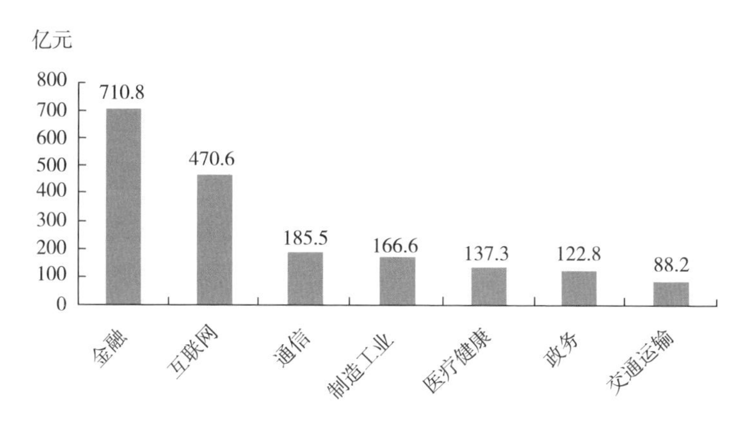

图6－3 2025年各行业数据交易市场规模预测

资料来源：沙利文等《2023年中国数据交易市场研究分析报告》

这不仅证明了数据资产化战略的巨大潜力，也反映了法规框架构建对于促进数据经济发展的重要作用。

同时，面对新的法规要求，企业和组织也在积极调整策略。许多企业开始重视数据资产的评估和管理，采用更为先进的技术手段来提升数据处理的效率和安全性。例如，通过引入区块链技术来加强数据的可追溯性和不可篡改性，利用人工智能技术优化数据分析和决策过程。这些做法不仅帮助企业提高了自身的竞争力，也为整个行业的数据资产化和数字化转型提供了有力的支撑。

■ 加速数据资产化进程

“数据二十条”的出台不仅完善了中国的数据治理体系，也为数据资产化进程注入了新的动力。数据资产化是指将数据转化为具有价值的资产，使其能够在市场中流通和交易，为企业和社会创造价值。这一过程不仅需要技术手段的支持，更需要法律和政策环境的保障。

“数据二十条”中提出的一系列措施，如建立健全数据权益保护制度、促进数据有序流通、加强数据安全管理等，为数据资产化提供了坚实的制度基础。这些措施有助于厘清数据权属，激励数据开发利用，促进数据要素市场化配置，加速数据资产化进程。

在政策利好的推动下，越来越多的企业开始重视数据资产管理，将数据视为重要的生产要素和战略资源。一些领先企业已经开始探索数据资产的评估、交易和运营模式，积极参与数据要素市场建设。例如，阿里巴巴、腾讯、百度等互联网巨头纷纷成立大数据子公司，发力数据商业化和数据服务。

数据资产化的加速发展，不仅为传统产业数字化转型提供了新的路径，也催生了众多以数据驱动为特征的新业态新模式。在金融、医疗、交通、文旅等领域，基于数据的创新应用层出不穷，数据价值得以充分释放。可以预见，随着数据资产化进程的不断推进，将有更多行业因数据而焕发生机，数字经济版图将不断扩大。

然而，数据资产化并非一蹴而就。数据确权、定价、交易等环节仍面临诸多挑战，亟须法律法规的进一步完善和配套改革的持续深化。这就需要在“数据二十条”的指引下，加快构建涵盖数据采集、开发、流通、应用等全环节的顶层设计和基础制度，为数据资产化营造良好的制度环境。

6.4 财政部数据资产准则落地生根

财政部出台的《企业数据资源相关会计处理暂行规定》（以下简称“企业数据资产入表规定”）标志着中国在构建数字经济新体系中的前瞻性思考和行动，旨在通过规范和引导数据资产的会计处理和管理，为企业提供清晰的方向，进而推动数据资产的有效利用和价值最大化。

为数据资产定价和交易提供规范

在数字化转型的大背景下，数据已成为企业重要的战略资源，对企业创新、竞争力提升以及经济价值创造具有至关重要的作用。数据资产入表对促进数据资产的标准化管理、提升数据资产价值实现以及推动数字经济发展具有深远的意义。

首先，政策背景方面，随着数字经济的兴起，数据资产成为企业最重要的无形资产之一。然而，长期以来，由于缺乏统一的评估标准和会计处理规范，企业数据资产的价值往往被低估，难以在企业财务报表中得到准确体现，这在一定程度上制约了数据资产的流通和价值实现。财政部“企业数据资产入表规定”的出台，正是为了填补这一制度空白，通过建立健全数据资产会计处理规范，促进数据资产的有效管理和合理评估，进而激发企业数据资产的经济潜力，为数字经济发展注入新的活力。

其次，规定的意义方面，“企业数据资产入表规定”不仅有助于完善企业财务管理体系，提高企业财务报告的透明度和真实性，而且对于促进数据资产交易市场的发展、提升数据资产流通效率具有积极作用。数据资产的入表，使数据资产的价值能够在企业的账目中得到体现，有利于企业基于数据资产的真实价值进行更加精准的投资决策和风险管理。

同时，这一规定的实施，也将促进数据资产评估、交易等服务的市场化发展，为数据资产管理和运营提供更加专业化、标准化的服务，推动数据资产交易市场的规范化和活跃化。更为重要的是，通过规范数据资产的会计处理，有助于激发企业对数据资产化的重视，推动企业加大对数据处理、分析技术的投入，从而提高数据资产的创造、管理和应用能力，促进企业数字化转型和升级，为经济高质量发展提供新动能。

因此，财政部“企业数据资产入表规定”的出台，是中国在数据资产化和数字经济发展道路上的一项重要制度创新。它不仅填补了数据资产管理领域的政策空白，更为企业提供了数据资产会计处理的明确指引，对促进企业数据资产的有效管理、提升数据资产的经济价值、推动数字经济的发展具有重要的现实意义和深远的战略影响。

■ 数据资产入表呼之欲出

“企业数据资产入表规定”成为推动企业数据资产化管理和价值实现

的重要政策。该规定不仅明确了数据资产的会计处理方法，还为企业如何评估、管理和报告数据资产提供了具体的操作指南。

根据该规定，数据资产首先需要被明确定义。在这一点上，规定参照了国际先进的数据资产管理实践，将数据资产界定为企业在生产经营活动中产生或获取，且预期能够带来经济利益的数据资源。这一定义不仅包括了传统的结构化数据，如客户信息、交易记录等，还涵盖了非结构化数据，如大数据分析结果、算法模型等。此外，规定还明确了数据资产的分类方法，将数据资产分为核心数据资产、关键数据资产和一般数据资产三类，以便企业根据数据资产的价值和用途进行合理的管理和会计处理。

在数据资产的评估方法方面，该规定引入了多种评估模型，包括成本法、市场法和收益法等，为企业提供了灵活的评估选择。其中，成本法侧重于评估数据资产获取或生产的成本；市场法则是通过比较同类数据资产的市场交易价格来确定资产价值；收益法则关注数据资产未来能够产生的经济利益，通过预测未来现金流来评估数据资产的价值。企业可以根据实际情况和数据资产的特性，选择最合适的评估方法来确定数据资产的价值。

在会计处理方面，该规定明确了数据资产的确认条件、初始计量、后续计量和减值测试等关键会计政策。数据资产一旦被确认，其入账价值应当以其获取成本为基础，包括购买成本、内部构建成本等。在后续计量中，企业需定期评估数据资产的减值迹象，并进行必要的减值测试，确保数据资产的账面价值不超过其可回收金额。这些会计处理规定为企业提供了清晰的指引，确保了数据资产会计处理的准确性和合规性。

对企业来说，实施这一规定的关键在于建立和完善内部的数据资产管理制度。企业需要对现有的数据资源进行全面的梳理和分类，建立数据资产目录，明确数据资产的所有权、使用权和价值。同时，企业还需完善数据资产的内部控制流程，包括数据资产的获取、使用、维护、保护和销毁等，确保数据资产的安全和价值最大化。

总体而言，财政部的“企业数据资产入表规定”为企业管理和利用数据资产提供了明确的政策指引和操作框架。通过遵循该规定，企业不仅能够合理评估和会计处理数据资产，还能够有效地管理和保护数据资产，从而在数字经济时代把握住数据资产化带来的机遇，推动企业的持续发展和创新。

6.5　中评协数据资产评估破题前行

近年来，全球范围内对数据资产的认识和利用已经取得显著进步，中国评估协会（以下简称中评协）编制的《数据资产评估指南》应运而生，标志着中国在数据资产评估领域迈出了重要一步。

■ 构建数据资产价值评估体系

数据资产的特殊性，如无形性、易复制性等特点，使其价值难以评估，严重制约了数据资产的流通与交易。为了解决这一难题，提升数据资产的市场流通性和透明度，中评协响应国家数字经济发展战略，积极编制了数据资产评估指南，旨在为数据资产评估提供标准化的流程和方法。

《数据资产评估指南》的编制背景深植于中国数字经济的蓬勃发展及数据资产管理的迫切需求。在数字化转型的大潮中，企业和组织积累了大量数据资产，如何准确评估这些资产的价值，成为数据资产化管理的核心问题。数据资产的价值不仅体现在直接的经济收益上，更在于其对于创新、决策支持和业务优化的潜在贡献。中评协《数据资产评估指南》的编制，正是为了填补现有评估体系在数据资产领域的空白，通过提供一套科学、系统的评估流程和方法，促进数据资产的规范管理和价值实现，进而激发数据资产的经济潜力，为数字经济的持续健康发展提供支撑。

该指南的目标不仅在于解决数据资产评估的技术和方法问题，更重要的是推动数据资产评估标准化和专业化，提高数据资产评估的公信力和透明度。在此基础上，促进数据资产的流通和交易，为数据资产市场的形成和发展提供坚实的基础。此外，《数据资产评估指南》的发布还旨在引导和规范数据资产评估行为，防止数据资产评估过程中的随意性和不确定性，降低数据资产交易的风险，保护数据资产所有权人的合法权益。通过标准化的评估流程和方法，提升数据资产评估的专业水平和效率，进一步激发数据资产的创新活力和经济价值。

■ 多方参与数据要素市场培育

随着数据资产化在国家经济中的地位日益提升，如何准确、公正地评估数据资产的价值成为行业和市场关注的焦点。《数据资产评估指南》的核心目的是确保数据资产评估工作能够在统一和标准化的框架下进行，以促进数据资产的合理定价和健康流通。

《数据资产评估指南》首先明确了数据资产的定义，将其视为能够带来经济利益的、可识别的非货币性资产。这一定义的提出，为数据资产的评估提供了基础。在评估流程方面，指南提出了一套从资产界定到价值评估再到报告编制的完整流程。其中，资产界定阶段要求评估师明确资产的范围和界限，这是评估工作的基础。随后，评估师需要分析影响数据资产价值的各种因素，如数据的稀缺性、准确性、相关性以及数据产生的成本和潜在收益等。

评估方法的选择是《数据资产评估指南》中的另一大重点。传统的资产评估方法如成本法、收益法和市场法在数据资产评估中同样适用，但它们的应用需要考虑到数据资产的特殊性。例如，成本法可能适用于评估数据采集和处理的直接成本，但对于评估数据的潜在价值则有限。收益法评估数据资产未来能够带来的经济利益，要求评估师对数据资产的应用场景和产生收益的能力有深入的理解。市场法则依赖于相似数据资产的交易信息，但由于数据资产市场尚不成熟，此方法的应用受到了限制。

在实际应用中，《数据资产评估指南》已经被多家企业和机构采纳。

以某互联网公司的数据资产评估为例，公司利用收益法对其用户数据进行了价值评估。评估过程中，评估师详细分析了用户数据在广告定向、产品推荐等方面的应用，预测了这些应用未来能够带来的增量收益，并据此估算了数据资产的价值。这一评估不仅帮助公司在财务报表中准确反映了数据资产的价值，也为公司的数据资产管理和运营提供了依据。

总的来说，《数据资产评估指南》的发布标志着中国数据资产评估工作迈向了标准化和专业化的新阶段。随着该指南的推广和应用，预期能够促进数据资产市场的健康发展，为数据资产的合理定价和有效流通提供支持。

第7章

标准规范：数据资产管理体系建设

数据这一蕴藏着巨大价值的“新石油”，正以前所未有的规模和速度注入经济社会发展的方方面面。然而，海量非结构化数据的涌现、数据治理法规的差异、数据资产评估体系的缺失，给数据资产化进程蒙上了一层阴影。各国政府和产业界正在从标准规范、管理体系、安全机制等多个维度探寻数据价值释放的“金钥匙”。

7.1 法规差异的文化烙印

当前，数据的跨境流动和利用引发了一系列关于隐私、安全和主权的复杂问题，使数据法规的制定和实施成为一个全球性的挑战。不同地区在制定数据法规时表现出显著的地域差异，这不仅反映了各自的法律传统和治理结构，还深受各自文化背景和价值观的影响。

个人主义与集体主义的博弈

文化和价值观在塑造数据法规方面发挥了核心作用。不同地区对于隐私权、数据的公开性和个体与集体利益之间的平衡持有不同的观点，这些观点根植于各自深厚的文化传统和社会价值观之中。例如，在强调个人主义和个人权利的西方文化中，个人数据的隐私保护被赋予了极高的重要性。相比之下，一些集体主义文化更重视社会整体的利益与和谐，可能会在数据共享和利用方面采取更为宽松的政策。这种文化差异在不同地区的数据法规中有着清晰的体现。

欧盟 GDPR 是一个突出的例子，它体现了欧洲对个人隐私权的高度重视。GDPR 强调了数据主体的权利，包括知情权、访问权和被遗忘权等，对企业处理个人数据的方式提出了严格的要求。这种以个人权利为中心的法规体系反映了欧洲深厚的人权保护传统和对个人隐私的高度重视。在 GDPR 的影响下，个人数据被视为个人的财产，其使用受到严格限制和监管。

相较之下，美国在数据保护方面采取了一种更加分散和以市场为导向的方法。美国没有一个全国性的数据保护法规，而是依靠各个州的法律和特定行业的规定来管理数据隐私。这种方法反映了美国对市场自由和商业创新的重视，以及对联邦政府干预的传统谨慎态度。虽然近年来一些州（如加利福尼亚州）通过了更严格的数据隐私法规，但总体而言，美国在数据保护方面提供了较大的灵活性和自由度，以促进技术创新和经济发展。

在亚洲，中国的数据治理策略则展现了另一种模式。我国的《网络安全法》和《个人信息保护法》等一系列法律法规体现了对数据安全和网络主权的高度重视。这些法规不仅强调个人数据的保护，也突出了数据在国家安全和社会公共利益中的作用。在这种法规框架下，数据的流动和使用受到国家监管的严格控制，反映了中国政府在维护国家安全和社会稳定方面的集体主义价值观。

这些例子说明，文化和价值观是理解全球数据法规地域差异的关键。它们不仅影响了对隐私权、数据共享和个人与集体利益平衡的看法，也深刻影响了各地区在数据保护法规制定上的策略和重点。通过深入分析这些文化和价值观的差异，我们可以更好地理解全球数据治理的复杂性，为跨文化的数据政策合作和交流提供坚实的基础。

自由开放与谨慎管控的权衡

在探讨全球数据法规的地域差异时，经济发展和市场需求是两个不可忽视的重要因素。它们不仅影响着法规的制定和实施，而且塑造着数据资产化的整体走向。

经济结构的差异在数据法规的制定上起着决定性的作用。发达国家和发展中国家在经济发展水平、产业结构以及技术基础设施方面的差异，导致了它们在数据法规制定上的不同需求和重点。在发达国家，高度发展的信息技术和数字经济推动了对数据隐私保护和数据安全的高度重视。例如，欧盟 GDPR 便是在这样的背景下产生的，它强调个人数据的隐私保护和用户控制权，反映了发达地区对数据保护的高标准要求。相比之下，许多发展中国家的经济结构仍然以传统产业为主，数字经济尚处于起步阶段。这些国家在制定数据法规时，可能会更多地考虑如何利用数据促进经济发展和技术进步，而不是一开始就将重点放在数据的隐私保护上。

市场需求和商业模式的差异也在很大程度上影响了数据法规的制定。在数字经济高度发达的地区，如美国，数据经济的发展极大地推动了互联网公司和数据服务业的兴起。美国的数据法规往往更侧重于促进创新和保护商业秘密，而在隐私保护方面则采取了相对宽松的政策。这种以市场为导向的法规设计，反映了对创新和经济增长的重视。相反，在那些更重视公共利益和社会福祉的国家，数据法规可能会更加注重个人隐私和数据的公平使用。例如，欧盟 GDPR 就为个人数据的使用设定了严格的限制，旨在保护公民的隐私权，即使这可能会对某些商业活动造成限制。

经济发展对法规的影响还体现在对国际数据流动的管理上。在全球化的经济环境中，数据跨境流动变得日益重要，但不同地区对此的管理策略却大相径庭。发达国家由于其服务和数据密集型的经济特征，往往需要更开放的数据流动政策来支持其全球业务和创新网络。然而，这种开放性也带来了对数据保护标准的要求，因此这些国家往往会推动建立跨国数据传输的高标准规则。对于一些发展中国家来说，由于本国的数据保护法规可能尚未完善，它们可能会对跨境数据流动采取更为谨慎的态度，以防止数据主权受到侵害或个人信息泄露。

此外，经济全球化和数字经济的迅速发展也使许多国家开始重新考虑和调整其数据法规，以更好地适应国际市场和跨国经营的需要。这种调整不仅体现在法规内容的更新上，也体现在寻求与其他国家和地区在数据法规的协调和互认上。例如，APEC 的跨境隐私规则系统就是为了促进成员间的数据流动而设计的，它允许数据在符合一定隐私标准的前提下跨境传输。

总而言之，经济发展和市场需求在全球数据法规的地域差异中扮演着关键角色。不同地区根据其经济结构、市场需求，以及对于数据资产化的战略目标和期望，制定了各自的数据法规框架。这些差异不仅反映了各地区对数据保护和利用的不同立场和优先级，也为全球数据治理提出了挑战。

7.2　分类分级：数据管理的指挥棒

数据资产，作为数字时代的关键生产要素，是国家基础性战略资源，是数字经济发展的核心驱动力。数据资产管理被视为数字中国建设的重要内容，其中，构建科学合理的数据资产分类分级管理规范，是夯实数据要素市场化配置的基础性制度。

■ 全局视野下的分类框架

数据资产分类分级的前提，是准确把握数据资产的内涵与外延。从定义上看，数据资产是指能够带来经济利益的各类数据资源，既包含原始数据，也涵盖经过管理加工后的高级数据产品，兼具资产属性和知识属性。数据资产依附于业务系统和应用场景而存在，根据形成特点，可分为政务数据、企业数据、互联网数据等不同类型。

从属性上看，数据资产具有价值性、关联性、多样性等独特属性。海量非结构化数据对传统管理模式提出挑战，动态实时数据对管理时效提出更高要求。数据资产作为生产要素参与价值创造，但很难独立计量贡献，更多体现为基础支撑和溢出效应。加之不同行业领域在数据来源、管理流程等方面差异显著，对分类分级管理提出了更加精细化、个性化的要求。

科学划分数据资产管理级别，需统筹安全价值两个维度，在有效平衡开放共享和安全可控的基础上，构建多层级分类管理框架。一是按敏感程度划分安全等级，依据数据泄露可能造成的政治、经济、社会影响，将数据资产划分为公开数据、低敏数据、高敏数据等。二是按价值潜力划分开放级别，依托大数据平台开展数据资产价值评估，测算数据开发利用潜力，形成数据资产管理“金字塔”。

动态感知数据安全价值

当前，我国在数据资产分类分级管理方面已有诸多探索，但在统筹协调、制度集成上仍显不足。国务院印发的《促进大数据发展行动纲要》提出，分步推进数据共享开放，制定国家政府信息资源共享管理办法，全面推进政务信息系统整合共享。新一轮数字政府建设和数字经济发展，对数据资产分类分级管理规范提出了更高要求。

第一，建立统一的分类分级框架。按照共性与个性相结合的原则，制定国家层面的数据资产分类分级总体框架，明确公共管理、公共服务、市场监管、产业发展、社会治理等重点领域数据资产的分类分级原则、管理流程、交易规则、安全防护要求等。鼓励地方和行业主管部门结合实际，制定更加精细化的分类分级实施办法。

第二，强化顶层设计与统筹协调。成立国家数据资产管理领导小组，加强跨区域、跨部门、跨层级的工作统筹。制定数据资产管理的中长期规划，明确政策制定、标准研究、试点示范、平台建设、人才培养等重点任务。加强部门间数据共享交换，建立“横向到边、纵向到底”的协同联动机制。推动政务数据和社会数据融合共享，提高公共数据开放水平。

第三，加快数据资产管理平台建设。整合分散的数据资源，建设国家级数据资产管理平台，实现对各类数据资产的统一采集、分类编目、质量评估、安全监测、流通交易、开放共享等。制定数据采集标准规范，推动数据多跨层级汇聚；建立主题库、明细库、标签库，方便数据检索调用；搭建数据资产交易平台，促进数据资产流通增值；探索建立数据资产登记结算平台，服务数据资产确权交易。

第四，探索开展数据资产管理试点。鼓励有条件的地区开展数据资产管理改革试验，重点围绕政务数据、公共数据、行业数据等开展分类分级应用示范。比如，在公共服务领域，依托“互联网＋政务服务”平台，推进政务数据跨地区、跨部门共享，促进“一网通办”“一件事一次办”。在产业数字化领域，建设面向特定产业的数据资源池，为中小微企业提供数据共享开放服务。在城市管理领域，加强数据融合分析应用，助力城市运行“一网统管”。及时总结推广试点经验，加强制度集成创新。

精准施策的关键抓手

数据资产价值的充分释放，离不开清晰的产权边界和健全的安全保障。2020 年 5 月，《中华人民共和国民法典》（以下简称《民法典》）首次对数据和网络虚拟财产的保护作出规定。《数据安全法》《个人信息保护法》相继落地，标志着数据安全“三驾马车”立法全面完成。要以数据产权制度为基础，以网络安全为底线，推动形成规范有序的数据流通交易环境。

首先要明确界定数据权属边界。按照《民法典》关于数据权益保护的要求，加快制定数据产权确认、行使、交易等方面的配套制度。明晰自然人、法人、非法人组织等数据权利主体资格，划清公共数据、私有数据、个人数据的权属界限。针对不同行业数据形成特点，细化规定原始数据、加工数据、衍生数据的归属认定规则。鼓励开展数据确权试点，完善数据资产登记、公示、交易、质押等配套制度。

其次要强化数据全生命周期安全管理。制定数据分类分级安全管理办法，建立数据安全分层防护机制。从组织、制度、技术等方面，加强对政务数据、企业商业秘密、个人隐私等重要数据的管理。强化人工智能算法、工业控制系统等新型基础设施的安全评估。运用区块链、同态加密等技术，强化数据溯源和脱敏处理。建设国家网络安全产业园，培育一批掌握数据安全核心技术的“尖兵”企业。加强数据安全审查，防范大数据杀熟、算法歧视等问题。

最后要培育数据交易新业态新模式。顺应数据要素化趋势，推动建立政府主导、市场运作的数据交易市场，培育数据交易、数据托管、数据资产评估等新业态。鼓励发展第三方数据交易平台，建立数据交易备案管理制度。探索建立数据交易大厅等线下交易场所，规范数据现货交易。创新发展数据银行、数据信托等新型数据流通模式，发展数据资产证券化、数据期货等金融创新产品。加强数据跨境流动安全管理，参与数字领域国际规则制定。

数字经济时代，数据分类分级管理不仅事关数据资产价值的有效释放，更关乎整个国民经济数字化转型进程。站在构建新发展格局、塑造发展新优势的战略高度，加快完善数据要素市场化配置的基础制度规则，推动实现政府治理、社会治理、企业经营等全方位数据赋能，对于把握新一轮科技革命和产业变革机遇，加快建设数字中国、智慧社会，都具有十分重要的意义。

7.3 数据价值变现的压舱石

数据质量是数据价值的根本保障，是数据资产化进程中的关键一环。“质”问题，不解决，数据就无法转化为数据资产，就谈不上数据价值的释放与应用。可以说，数据质量管理是撬动数据资产这座“大山”的支点。构建科学、系统、可操作的数据质量管理标准体系，是夯实数据资产化基础、推动数据要素市场化配置改革的重要抓手。

■ 夯实全生命周期管理基础

数据质量管理是一项复杂的系统工程，需要从数据资产的源头抓起，纵观数据的全生命周期，实现端到端、全方位的质量管控。这就要求我们树立全局观念，将标准触角延伸到数据产生、采集、存储、流通、应用等环节，形成全时空感知、动态评估的质量闭环。

首先，要高度重视顶层设计。目前，我国在数据标准领域还存在一些短板：国家统一的质量管理标准缺位，具体环节可操作性不强，与业务实践脱节等。对此，国家正在加快构建系统化的大数据标准体系。党的二十大报告、国务院促进大数据发展行动纲要等明确了方向和路径，工信部、国标委联合发布的《大数据标准化白皮书》全景式勾勒了大数据标准化的宏伟蓝图。未来，要在国家统一部署下，系统布局各领域标准研制，加强跨部门、跨区域统筹，成立国家级专家委员会，搭建协调机制，加大资金投入，开展试点示范，形成政出一孔、齐抓共管的强大合力。

其次，要打造精品标准供给。标准体系绝非国家“独角戏”，更需要调动市场、社会力量，构建政府引导、市场驱动、多元参与的生态圈。要鼓励具备实力的龙头企业、科研机构、行业协会，组建技术联盟，积极研制行业标准、团体标准。有条件的地区可建立数字经济标准创新中心，集聚一批掌握数据标准核心技术的“尖兵”，为国家标准提供“源头活水”。与此同时，要主动参与数字经济、数字贸易、人工智能等国际标准制定，推动中国方案成为国际规则，不断提升制度性话语权。

最后，要狠抓标准落地见效。标准的生命力在于实施。要将数据质量标准体系与数字政府、智慧城市、工业互联网等重点领域应用紧密结合，先行先试，示范引路，并配套相应激励政策，调动各方参与的积极性。要建立健全数据质量评估制度，制定统一评估指标，定期开展数据“体检”，并将结果运用到绩效考核中，形成以评促建、以评促用的良性循环。可以探索引入第三方评估机制，提高评估的独立性、客观性、公正性。同时，加大对标准实施的监管力度，对违反数据质量标准、造成严重后果的，要严肃追责问责。

■ 打通采存用环节的质量闭环

纵观数据资产的全生命周期，从“源头”到“终端”，每一个环节的质量管理都不可或缺，需要系统施策、精准发力，打通质量提升的“任督二脉”。

数据采集是质量管理的起点，高质量的源头数据采集至关重要。要制定科学、统一的采集标准，明确采集对象、采集方式、质量要求、规范流程等，确保采集行为可溯源、可问责。要因地制宜开展采集方式创新，充分运用物联网、区块链等新技术，提高采集的自动化、精准化水平。以工业互联网为例，可利用传感器、射频识别、机器视觉等，实现海量异构数据的自动感知、实时采集、动态管理，为后续数据分析、优化决策奠定基础。

存储阶段的核心任务是破除“数据孤岛”，实现多源异构数据的“互联互通”。长期以来，由于缺乏统一标准，不同业务系统各自为政，形成大量“烟囱式”数据库，严重制约了数据共享开放。对此，亟须建立统一规范的数据存储标准，在分层架构、数据模型、元数据、编码格式等方面形成规范共识，从而打通壁垒，促进数据“高速公路”的互联互通。同时，要结合数据的安全属性、时效特征，合理划分冷热数据，构建分级存储架构。对高频数据，要充分利用分布式存储等技术，实现弹性扩展、按需调配；对低频数据，则宜采用低成本的冷存储模式。

流通环节要在确保安全的前提下，最大限度促进数据开放共享，释放数据价值。这就需要建立分门别类的数据共享标准，根据数据的敏感程度、关键程度等，科学设定准入门槛、管理流程、共享范围，在无形中筑牢数据安全防线。要积极运用数据脱敏、同态加密、安全多方计算等技术，在必要时对数据进行“化妆加工”，既满足共享需求，又保护隐私安全。鼓励有条件的地区先行先试，开展数据交易试点，探索形成可复制、可推广的数据流通范式。

应用环节直接关系到数据价值的最终变现。应用水平的高低，折射出整个数据全流程管理的成败。要建立健全数据资产应用标准，用新技术武装数据分析、挖掘、可视化各环节，深度释放数据红利。既要鼓励数据创新应用，用数据驱动业务发展，又要划定安全红线，严防数据非法使用、过度使用。要在金融、电信、医疗等关键行业制定严格的数据使用规范，将用途边界、程序要求等明确到位，坚决遏制滥用行为。同时，积极搭建面向不同主体的数据开放平台，有序开放政府数据、社会数据，充分调动全社会创新创造活力。

■ 开启数据价值发现之门

综观国内外，数据质量管理俨然成为数字时代的“新赛道”。诸多经济体纷纷加快布局，抢占制高点。美国通过《开放政府数据法案》，推动联邦数据标准化，建立首席数据官制度；欧盟出台 GDPR，为数据流通营造安全环境；日本制定《个人信息保护法》（APPI），规范了个人信息的处理，并适用于公共和私人实体。

对标国际，审视自身，我国数据质量管理虽取得积极进展，但仍面临不少挑战：顶层设计缺位，统筹协调不足；标准规范滞后，可操作性不强；实施评估乏力，落地效果打折……对此，必须高度重视，未雨绸缪，加快构建国家大数据标准体系，强化质量全生命周期管理，把提高数据质量摆在更加突出位置，为数字中国建设夯实基础。

顶层设计是龙头。要加快编制数据标准“施工图”，以国家标准为统领，系统布局基础类、安全类、管理类、服务类等各领域标准，做到全覆盖、无盲区。成立国家级专家委员会，建立部门协同、上下联动的标准化工作机制，打通制定、实施、监管、评估等环节。加大中央财政资金投入，设立数据质量管理专项，支持共性关键技术攻关，开展试点示范。用足用好互联网、大数据、人工智能等手段，提升标准供给能力和水平。

多元主体是关键。大数据标准事关国计民生，政府要积极作为、精准施策，营造公平竞争的制度环境，但标准的生命力终归在于市场主体的积极参与和创新创造。要加快培育一批掌握数据标准核心技术的领军企业，支持行业协会、科研院所、高校智库等第三方力量深度参与，鼓励龙头企业牵头成立技术联盟，研制行业、团体标准。有条件的地区可率先建立数字经济创新中心，打造区域性、国际化的标准创新策源地。

全球布局是必然。当今时代，开放合作是大势所趋。面对数字经济引发的全球价值链重构，我们要立足国内、放眼全球，在深化标准国内实践的同时，积极参与数字贸易、数据跨境流动等国际规则制定，推动中国方案成为国际标准，在全球数据治理体系中发挥更大作用、贡献更多智慧。

标准的生命力在于实施。再好的数据标准，如果束之高阁、徒有虚名，也难以发挥应有作用。要坚持试点先行，将标准落到数字政府、智慧城市、工业互联网等重点领域，先行先试、示范引领。建立健全数据质量评估制度，制定统一评估指标，定期开展"体检"，推动形成标准实施闭环。同时，要强化标准执行刚性，严肃查处数据造假、滥用等行为，坚决维护数据标准的权威性。

7.4 全球数据治理的方向标

在数字经济时代，数据不仅是新型生产要素，也是维系国家安全和社会稳定的战略资源。制定系统完备的数据资产安全管理指南，建立全流程、多层级的数据安全管控机制，是保障数据资产安全、促进数据开发利用的关键举措。

■ 国际组织引领下的标准化进程

数据资产化涉及的不仅仅是技术问题，更是一种新的经济活动方式，它的发展和规范需要超越单一国家或地区的视角，达成国际层面的共识和合作。国际数据标准的缺乏或不统一会导致数据孤岛的出现，限制了数据的潜在价值和跨境流动的可能性，从而阻碍了国际贸易和创新的进程。此外，数据安全和隐私保护在全球范围内日益受到关注，不同国家对于数据保护的要求各不相同，这为跨国公司的运营带来了复杂性和不确定性。因此，构建一套国际公认的数据标准和框架，不仅可以促进数据资产化的健康发展，还可以在全球范围内提高数据的安全性和可信度。

随着国际贸易和信息技术的发展，一系列国际机构和组织开始关注数据标准化的问题。国际标准化组织（ISO）、国际电工委员会（IEC）、国际电信联盟（ITU）和万维网联盟（W3C）等机构在数据资产化的标准制定中扮演了至关重要的角色。这些组织通过汇聚来自不同国家和地区的专家，共同研讨和制定一系列数据相关的国际标准。这些标准涵盖了数据的格式、交换、安全、隐私保护等多个方面，为全球数据的互操作性和兼容性提供了基础。这个过程体现了一种国际合作的精神，即使面对国家间的政治、经济和文化差异，各方也能在数据资产化的重要议题上找到共识，共同推动标准的制定和实施。

这些国际数据标准的形成并非偶然，而是基于对全球数据资产化趋势的深刻理解和对未来发展的前瞻性预判。数据资产化的核心在于提高数据的可用性、可靠性和价值，这要求数据在全球范围内能够被有效地识别、访问和使用。国际数据标准的制定，正是为了解决这一问题。例如，ISO、IEC 的一系列数据管理和交换标准，就为数据的格式化和互操作性提供了统一的规范。这些标准不仅有助于降低数据处理和交换的成本，还能提高数据应用的效率和安全性。此外，随着云计算和大数据技术的广泛应用，数据的存储、处理和分析越来越依赖于国际互联网。在这种情况下，国际数据标准为不同国家和地区之间的数据互联互通提供了技术基础，促进了全球数据资源的整合和共享。

■ 洞见数据资产化发展大势

当前，数据已成为国家基础性战略资源，是驱动数字经济发展的关键要素。然而，海量、多源、异构的数据资产，对安全保护提出了新的更高要求。党的二十大报告明确提出，要健全国家安全体系，完善国家安全法治体系，增强维护国家安全能力。在此背景下，加强数据安全治理，规范数据资产安全管理，成为捍卫国家安全、维护经济社会稳定的迫切需要。

数据安全治理要坚持分类施策、突出重点，这就要求我们必须科学划分数据安全保护等级，实行差异化管控。《数据安全法》对此作了原则规定，根据数据的重要程度和泄露后果，将数据资产划分为核心数据、重要数据、一般数据等不同等级，分别采取相应的安全保护措施。

对于涉及国家秘密、商业机密的核心数据资产，必须列为最高等级，严格管控。要从物理、网络、人员等方面全面加固，采取物理隔离、访问控制、数据脱敏等措施，最大限度降低泄露风险。同时明确管理责任，强化全流程可追溯，确保万无一失。

重要数据虽然级别略低，但一旦泄露，同样会危及国计民生、公共安全。对此，要做到心中有数，明确管理主体和保护范围，落实分级授权、加密存储、异地容灾等针对性措施，下好先手棋、打好主动仗。

相比之下，一般数据虽不涉及敏感信息，但量大面广，是数据资产的“主体”。做好一般数据保护，事关数据安全的“基本盘”。对此，要强化全员意识，从制度、流程入手规范操作行为，防范人为误操作、违规使用等风险。

需要强调的是，数据安全保护的分级并非一成不变，要根据数据资产内涵的动态变化，实时评估其敏感程度，必要时及时调整等级。要加强跨部门、跨区域的数据安全信息共享，完善全国“一盘棋”的数据安全监管格局。

引领数据要素全球流动新秩序

综观国内外，围绕数据展开的博弈日趋激烈。诸多经济体加紧在数据规则、标准上抢占先机，力图主导国际数据流动秩序。面对百年变局加速演进的复杂局面，我们必须增强忧患意识，树立底线思维，在确保安全的前提下，加快构建数据要素全球流动的制度规范，推动形成多边、均衡、包容的国际数据治理新格局。

没有规矩不成方圆。确保数据安全须从制度层面入手，构建全流程、多层级的数据安全管制制度框架。对此，各地区各部门要把数据安全作为“国之大者”，紧密结合实际，制定务实管用的安全管理制度，明确各环节管理职责、管理流程、管理措施，严格落实到人、落实到岗。要督促企业切实担负起数据安全主体责任，制订数据安全计划，定期开展风险评估、监测预警、应急演练，不断提升数据安全治理和防护能力。

数据安全事关国计民生，仅靠“官办”“企管”远远不够，必须广泛调动社会力量、形成多方参与格局。要针对不同群体，有的放矢开展安全宣传教育，增强全民数据安全意识。积极引导高校、科研机构、行业协会等广泛参与，为数据安全治理贡献“金点子”。完善举报奖励机制，畅通群众投诉渠道，及时发现、解决苗头性问题。

当前，我国数字经济蓬勃发展，数据跨境流动不断增多。对外开放是必由之路，但绝不能以牺牲数据安全为代价。对此，既要坚持总体国家安全观，加强顶层设计，健全跨境数据流动监管长效机制，从立法、执法、司法、守法等方面统筹发力，又要深化国际合作，加快构建数据跨境安全流动的国际规则，维护以联合国为核心的国际体系，为数字经济注入安全基因、开创发展新局。

第8章

适应变迁：政策的迭代与未来

在瞬息万变的时代洪流中，政策需要像一叶扁舟，既要动态掌舵，又要稳健前行。政策制定者必须以更加开放的视野、更具前瞻的思维，主动拥抱技术创新，深入洞察社会脉搏，在迭代中探索，在博弈中突围，方能引领政策沿着公平、高效、可持续的轨道向前发展。

8.1 在巨变中寻求动态平衡

在数字化的浪潮下，技术变革如同激流勇进的船只，而政策则是引导这艘船前进方向的舵手。这就要求政策制定者不仅要紧跟技术的步伐，更要预见技术的发展趋势，及时更新和迭代政策，以确保数据资产化的健康发展。

政策紧随时代脉搏

技术的进步，尤其是数据相关技术的革新，正在以前所未有的速度改变着社会的各个方面。从商业模式、工作方式到人际交往，无一不受其影响。然而，这种快速的变化也带来了新的挑战，特别是在数据的管理和利用方面。数据隐私泄露、信息安全、数据滥用等问题日益凸显，这些问题的存在严重阻碍了数据资产化的健康发展。因此，更新和迭代政策以适应技术变革的步伐，成为保障数据资产化顺利进行的关键。

在数字化时代，个人数据的隐私和安全成为公众和政策制定者最为关注的问题之一。随着大数据和人工智能技术的应用，如何在促进数据流通与利用的同时保护个人隐私，成为政策更新的重要推动力；人工智能和自动化技术的发展带来了伦理问题，包括算法偏见、责任归属等，这些问题的解决依赖于有效的政策指导；在全球化的背景下，数据跨境流动日益频繁，不同国家间在数据管理上的差异造成了国际数据交流的障碍。制定数据跨国流动标准和国际合作政策，成为促进全球数据资产化进程的重要因素。

更新政策的过程中，政策制定者面临着多重挑战。首先是技术发展的不确定性，技术的快速迭代使得政策很难做到前瞻性和适应性。其次，不同利益相关方之间的利益冲突，也使政策的制定和执行变得复杂。此外，国际层面上的合作与协调也是一个挑战。

然而，这些挑战同时也带来了机遇。政策的更新和迭代为构建更加公平、透明、安全的数据利用环境提供了可能，也促进了国际在数据管理方面的合作和交流。更重要的是，适应技术变革的政策有助于引导数据资产化的健康发展，推动经济和社会的进步。

■ 迭代成为政策制定新常态

在数字化时代的潮流中，技术的迅速变革正深刻地改变了我们的世界，从个人生活到全球经济体系都经历了前所未有的转型。如同一双无形的手，技术进步不仅推动了产业的升级，还促进了社会治理模式的革新。在这一过程中，政策的角色尤为关键，它既是引导技术发展的舵手，也是应对技术带来挑战的护盾。

政策制定者面临的首要任务是理解技术发展的趋势及其对社会经济的影响。在人工智能领域，例如，算法的决策过程和自学习能力引发了对机器伦理和责任归属的广泛讨论。大数据应用在提升业务效率和个性化服务的同时，也引起了对数据滥用和隐私侵犯的担忧。在这种情况下，政策不仅需要保护个人和企业免受技术滥用的伤害，还需要促进技术的健康发展，激发创新的活力。

政策迭代的另一个关键点在于建立一个多赢的生态系统，其中，政府、企业和公众都能从技术进步中获益。这要求政策不仅要有前瞻性，还要具备足够的灵活性和包容性。例如，数据共享政策的制定既要保障数据所有者的权益，又要鼓励数据的开放使用，以促进跨行业、跨领域的创新合作。同时，政策还需为技术试错提供空间，为创新企业创造一个宽容的环境，让他们能在合规的框架内自由探索。

国际合作在技术政策的迭代中扮演着日益重要的角色。在全球化的背景下，技术的发展和应用已不受国界限制，因此需要国际社会共同努力，建立一套共识标准和规则。例如，跨境数据流动的管理不仅关乎国家安全和公共利益，也是全球商业活动的基础。因此，通过国际对话和合作，协调不同国家间的政策差异，实现数据流动的有序和安全，对于推动全球经济的发展至关重要。

8.2 灵活多变的政策智慧

在传统政策制定框架下，基于过去的经验和现有的数据制定，政策往往是响应性的。然而，这种方法在数据资产化和数字经济的背景下显得力不从心。技术的迭代周期越来越短，并在不断重塑着经济和社会结构。

以敏捷之姿回应万变

在这个不断变化的环境中，政策制定的动态性和适应性成为其有效性的关键。动态性原理要求政策能够随着外部环境的变化而变化，不再是一成不变的规则。适应性框架则要求政策制定过程能够快速响应技术进步和市场需求的变化，具备灵活调整和迭代更新的能力。

动态性原理的核心在于认识到政策制定不是一次性活动，而是一个持续的过程。在这个过程中，政策制定者需要不断地收集和分析数据，监测技术发展和市场变化的趋势，以及社会对这些变化的反应。基于这些信息，政策可以被及时调整，以确保其目标的连贯性和有效性。

实现政策的动态性需要建立一个开放的信息反馈机制，使政策制定者、实施者、受益者以及其他利益相关者之间形成有效的沟通渠道。这种机制不仅可以提供实时的市场和技术动态，还可以提供政策执行过程中的反馈，为政策调整提供依据。

与动态性原理相辅相成的是适应性框架。适应性框架强调在政策制定过程中引入灵活性，以便政策能够快速适应环境的变化。这种框架鼓励采用敏捷政策制定流程，类似于软件开发中的敏捷方法。这意味着政策制定可以是迭代的，每一次迭代都是基于最新的信息和反馈进行的，而不是在完全了解所有潜在影响之后才制定政策。

适应性框架还要求政策制定者具备跨领域的知识和视角。在数据资产化的背景下，技术、经济、法律和社会因素紧密交织在一起，任何单一领域的政策都可能产生跨领域的影响。因此，政策制定者需要跨越学科界限，综合考虑不同领域的知识和经验，才能制定出既有效又具有适应性的政策。

在博弈交锋中寻求突破

在面对日新月异的数据资产化浪潮时，政策制定者需要采用跨学科整合的思维方式来应对挑战。这不仅是因为数据资产化本身跨越了多个领域，包括技术、法律、经济和社会等，而且还因为数据的价值链条——从生成、存储、处理到应用——涉及广泛的社会活动和经济交易。

例如，在数据隐私保护方面，仅仅依靠法律条文的制定和执行是不够的。政策制定者需要深入理解技术如何影响数据的收集和使用，如何通过技术手段增强数据安全，以及这些技术措施如何与现有的法律框架相结合。此外，还需要考虑到经济学中的激励机制，如何通过政策设计鼓励企业和个人采取更加负责任的数据管理行为。同时，社会学的视角可以帮助政策制定者理解数据隐私对个人和社会的重要性，以及不同文化和社会背景下对隐私的不同看法和需求。

在此基础上，政策创新还需依靠利益相关者的协同合作。在数据资产化的过程中，政府、企业、民众、非政府组织以及国际机构都扮演着重要角色。政策制定不应是自上而下的过程，而应是一个多方参与、相互协商的过程。通过建立包容性的政策制定机制，确保所有利益相关者的声音都能被听到，这有助于提高政策的接受度和有效性。例如，通过公众咨询、专家委员会和跨国界合作平台，可以收集到更广泛的意见和建议，有助于政策更好地适应不断变化的环境。

在数据资产化的时代，政策不仅是规则和法令的制定，更是一个创新的过程，旨在促进技术进步、保护个人权利、维护社会公正和推动经济发展。通过采用跨学科整合的思维、建立协同合作的机制以及保持政策的灵活性和预见性，我们可以期待构建一个更加公平、安全和繁荣的数字社会。

8.3 合作与创新的双引擎

从早期的数字化记录到今日的大数据分析，人类对数据的利用经历了从量变到质变的跳跃。数据的潜在价值得到了前所未有的重视，这不仅促进了商业模式的创新，也引发了对数据隐私、安全、所有权等方面的深刻关注。

技术、理念与工具全方位创新

数据政策的发展受到多种内在和外在因素的驱动。从内在因素来看，创新是推动数据政策发展的核心动力。这种创新不仅体现在技术层面，更体现在对数据价值认识的提升、治理理念的更新以及政策工具的创新上。

随着大数据、云计算和人工智能等技术的广泛应用，社会对数据的价值有了更深入的认识。数据不再仅被视为记录信息的手段，而是被视为驱动决策、创造知识、促进创新的关键资源。这种对数据价值的重新认识促使政策制定者关注数据的采集、存储、分析和共享过程中的伦理和法律问题，推动了数据治理政策的发展。

在数据驱动的社会中，传统的治理模式面临着前所未有的挑战。数据的跨界流动、网络空间的无国界特性以及数据应用的复杂性要求治理理念更加开放、灵活和协同。这种治理理念的更新既体现在国家层面的政策制定上，也体现在国际协作和多方参与的治理模式上。例如，多国政府、国际组织、企业和民间组织共同参与的数据治理框架正在逐步形成，旨在共同应对数据利用和保护的全球性挑战。

为了应对数据政策制定和执行中的新挑战，政策工具也在不断创新。除了传统的法律法规之外，技术标准、行业自律、数据伦理准则和国际协议等多种政策工具被广泛采用。这些工具在提升政策灵活性和执行效率的同时，也增加了政策干预的多样性和复杂性。

总之，创新是数据政策发展的内在驱动力，它不仅体现在技术进步上，更体现在对数据价值的重新认识、治理理念的更新以及政策工具的创新上。在未来，随着技术的进一步发展和社会对数据利用与保护需求的进一步提升，数据政策将继续沿着创新的轨迹前进，以适应不断变化的环境和挑战。

多元主体协同联动

在数字经济时代，数据流动不受地理边界限制，其价值的实现往往依赖于跨境的信息交换和合作。然而，不同国家和地区在数据保护标准、隐私政策、数据利用规则等方面存在差异，这些差异可能阻碍数据的流动，从而限制数字经济的发展。

合作可以采取多种形式，包括但不限于政策对话、双边或多边协议、国际组织的协调作用，以及公私部门合作等。在这些合作形式中，国际组织如联合国、世界贸易组织、经济合作与发展组织等发挥着桥梁和平台的作用，为不同国家提供了交流经验、协调政策和共同推进数据治理标准化的场所。同时，公私部门之间的合作也不可或缺，特别是在制定技术标准和行业指导原则方面，私营企业的经验和资源对于形成有效的治理框架至关重要。

尽管国际合作在数据政策的发展中起着重要作用，但合作过程中也面临着不少挑战。首先，不同国家在数据政策的立场上存在差异，这些差异源于各自的法律体系、文化传统、经济发展水平和政治利益，使达成共识并非易事。其次，技术发展的快速变化也给政策制定和国际合作带来了压力，需要各方在保持政策灵活性的同时，迅速适应新的技术环境。此外，确保合作机制的有效性和执行力也是一大挑战，需要建立有效的监督和执行机制，确保各方遵守协议和承诺。

面对这些挑战，未来的数据政策发展需要寻找新的合作路径和方法。一方面，可以通过增强政策对话的深度和广度，加强对不同立场和需求的理解，寻求更具包容性和弹性的共识。另一方面，利用新技术如区块链来提升合作的透明度和信任度，通过技术手段强化合作协议的执行力。同时，鼓励公私伙伴关系，利用私营部门的创新能力和资源，共同开发解决方案，应对跨境数据流动的挑战。

■ 构建数据合作命运共同体

数字时代的浪潮奔涌而来，数据作为新型生产要素，正深刻重塑着经济社会发展的方方面面。在数据价值日益凸显的当下，推动数据资产化进程，成为各国激发数字经济新动能的关键抓手。然而，面对海量、多源、异构的数据资产，如何实现高效管理和合理开发利用，却成为横亘在决策者面前的一道复杂命题。破题之道，莫过于秉持开放包容理念，在深化创新实践中谋求多元主体合作共赢，携手构建数据命运共同体。

综观全球，围绕数据展开的博弈愈演愈烈。发达国家牢牢把握数据规则制定权，竭力打造数字贸易规则新标准，力图主导国际数据流动秩序；新兴经济体则在数字基础设施领域发力，加紧布局数据要素市场，抢占数字经济发展先机。面对世界百年未有之大变局，单边主义、保护主义沉渣泛起，逆全球化思潮涌动，给数据跨境流动蒙上阴影。

破解数据治理困局，必须打破藩篱，加强合作。大道之行，天下为公。构建人类命运共同体，既是中国方案，更是破解全球性难题的“金钥匙”。放眼数据领域，我们要立足共商共建共享，秉持互利共赢理念，努力探索一条创新驱动、开放融通的数据治理之路，为完善全球数据治理贡献中国智慧。

在政策制定层面，要加强前瞻思考，科学预判新技术发展趋势可能带来的机遇挑战，探索更加灵活精准的政策工具组合，在鼓励创新应用和防范风险之间寻求平衡。要坚持包容审慎监管，对新业态新模式“无禁区、全覆盖”，为市场主体松绑赋能。要鼓励基于数据的协同创新，支持龙头企业、科研院所、高校等协同攻关，在重点领域和关键环节形成突破。

同时，治理理念同样需要革故鼎新。当前，大数据、人工智能等正加速向经济社会各领域渗透，数据资产由单一部门、单一主体管理向多元主体协同转变。这就要求我们树立数据治理的整体观，坚持发展安全并重，统筹推进发展和治理现代化。要完善多元参与机制，调动政府、企业、社会等各方力量，形成齐抓共管、协同治理的良好格局。

另外，合作是应对全球挑战的必由之路。面对数据跨境流动日益频繁的趋势，必须加强国际协调对话，在更大范围、更广领域、更高水平上推进数据开放共享。要积极参与全球数据治理，推动形成更加公正合理的国际数据规则体系。

第三部分 多元共治（治理篇）

在这场波澜壮阔的数字化变革中，数据资产化正成为驱动经济数字化转型的核心引擎。然而，当我们乐观地拥抱数据时代的曙光之际，治理的阴霾也在悄然笼罩。数据确权、隐私保护、算法失控等治理难题如同一座座大山，横亘在通往未来的康庄大道上。

多元共治，是破解数据治理困局的“金钥匙”，也是实现数据资产化宏伟蓝图的必由之路。这一理念秉承了合作共赢、开放包容的时代精神，以多元主体协同参与为旗帜，以公平正义、透明问责为基石，汇聚政府、企业、社会、公众等各方力量，携手构筑起数据治理的新格局。唯有跳出传统的单向管理思维，在融合碰撞中凝聚共识，在创新探索中攻坚克难，方能为数据资产化插上腾飞的翅膀。

我们将看到，在数据主权博弈的硝烟中，因“数”制宜、因地制宜的差异化权属安排，将成为平衡保护与开放的关键；在隐私边界模糊的迷雾里，重塑个人数据主权、筑牢安全防线，将成为捍卫数字尊严的利剑；在算法失控的阴霾下，以人文关怀驯化算法、以伦理准绳规制创新，将成为实现科技向善的明灯；在决策失序的乱象中，以数据为犁铧，以智能为耕牛，将流程再造和制度重塑的土壤深深翻耕。

多元共治不仅是数据资产化的护航利器，更昭示着社会治理的全新逻辑。在这一逻辑中，政府不再高高在上，而是与企业、社会组织一道，成为塑造共治格局的“领航员”；企业不再唯利是图，而是以高度的社会责任感，成为推动创新、护卫伦理的“先行者”；公众不再被动接受，而是以积极参与的姿态，成为共建美好数字生活的“生力军”。多元主体交相辉映，共治逻辑按下快进键，一幅崭新的数据治理图景正在缓缓铺展。

第 9 章

数据治理：治理的挑战与机遇

在数字时代的浩瀚星空下，数据洪流汹涌澎湃，权属边界模糊不清，数字鸿沟深邃幽暗，由此引发的治理挑战纷繁复杂、亟待破解。纵览全局，唯有直面挑战、把握机遇，以高瞻远瞩的战略视野统筹数据治理全局，破解数据权属困局、构建多元共治格局，才能在数据驱动的时代洪流中把准航向、劈波斩浪。

9.1 数据治理的复杂性挑战

在这个由数据驱动的时代，数据治理的核心不再仅仅是如何存储、处理和分析数据，而是如何在保障数据安全、隐私保护、合法合规的前提下，实现数据的有效流通和利用。这要求我们在制度设计上更加灵活、在技术应用上更加创新、在管理实践上更加严谨。同时，数据治理的跨界性要求我们跳出传统的框架，建立更加开放的合作模式，以促进数据资源的共享和价值最大化。

当数据遇见产权

迈入“数据元年”，数据已经成为推动经济发展和社会进步的关键要素。然而，随着数据开发利用从“原始积累”走向“精耕细作”，数据治理领域一个尚未厘清的关键问题日益凸显，那就是数据权属。由于数据权属的模糊性和复杂性，导致在数据采集、加工、使用、交易的过程中，不同主体之间围绕数据展开了你争我夺的“拉锯战”，成为制约数据治理的突出掣肘。

具体来看，数据权属问题之所以错综复杂，主要基于以下几个原因。首先，数据类型多样，权属边界模糊。从个人数据到公共数据，从商业数据到行业数据，不同类型、不同来源的数据，其权属归属、开放共享的界限难以厘清。比如，个人数据中不可避免地包含公共属性，公共数据中又难免涉及个人隐私，很难用一个清晰的“跨度”来界定其权属。再如，个人在互联网平台上产生的数据，是属于个人还是平台？如何处理二者的利益边界？类似难题在现实中比比皆是。

其次，数据价值链纷繁，主体利益交织。从数据的产生到应用，往往涉及采集、清洗、标注、加工、分析、流通等诸多环节。每一个环节都可能增加数据价值，每一个参与主体都可能对数据主张权利。如何在一个纷繁复杂的利益网络中厘清每个主体应当享有的数据权益，是一个颇具挑战的难题。更何况，不同主体基于自身利益诉求，对数据权属的主张常常存在冲突，进一步加剧了权衡取舍的困难。

最后，数据技术迭代，治理规则滞后。随着大数据、人工智能等新技术的快速发展，数据呈现出规模巨大、维度复杂、应用创新等全新特征。传统的数据权属界定规则，主要是基于小数据时代的场景，已经难以应对新技术、新应用带来的挑战。现实中，法律制度更新往往滞后于技术变革，数据立法尚不完善，导致在司法实践中面临诸多尴尬和困局。例如，在一些数据侵权纠纷案件中，法官难以找到明确的裁量依据。

需要强调的是，数据权属问题不仅仅是一个技术层面上的问题，更是一个制度层面上的问题。从表面上看，它反映的是不同主体对数据归属的争议，实质上反映的是一种利益博弈困境。如果任由这种困境持续下去，必将严重阻碍数据开发利用，制约数据价值的充分释放。可以说，厘清数据权属是推动数据资产化的逻辑起点，是构建良性数据生态的制度基石。

案例9－1　北京建院：首创数据确权破冰之路

建筑行业作为国民经济的支柱产业，其数据资产在城市规划设计、建设、运营全生命周期中发挥着不可或缺的作用。然而，当前建筑数据要素市场化配置还面临诸多挑战，如数据确权机制不健全、数据质量参差不齐、数据应用场景有限等，制约了数据价值的充分释放。为破解这一难题，2023年，中共北京市委、北京市人民政府出台了《关于更好发挥数据要素作用进一步加快发展数字经济的实施意见》（以下简称"北京数据二十条"），明确提出要建立高效的数据交易市场，推动数据资源开发利用和价值转化。

在这一背景下，北京市建筑设计研究院有限公司（以下简称北京建院）作为国有企业，与北京国际大数据交易所（以下简称北数所）合作，开展了建筑数据资产模拟入表试点，探索数据资产化、价值化的新路径，开启了建筑行业数据价值化的新篇章，但同时我们也要看到，其在推进数据资产价值化、市场化进程中，仍面临诸多数据治理的复杂性挑战。

首先，建筑行业数据治理涉及的主体多元、利益复杂，统筹协调难度大。从设计、施工到运维，每一个环节都参与了众多单位和部门，数据分散在各个业务板块和管理主体，呈现出明显的"烟囱林立"特征。如何打破数据孤岛，实现高效汇聚和融合，需要院方发挥龙头作用，推动形成多方互利共赢的数据共享机制。不同利益主体间在数据开放、定价、分成等方面的博弈不可避免，院方还需发挥智慧，在创新中平衡各方诉求。

其次，建筑数据资产全生命周期管理对数据质量、安全与隐私保护提出更高要求。从数据采集、存储、开发、流通到应用，每一个环节都面临着技术、管理、法律层面的风险隐患。特别是，要在发挥数据价值的同时最大限度保护商业秘密、个人隐私等敏感信息，需要院方系统制定隐私保护政策，并严格落实到数据治理全流程。此外，还需注重数据质量把控，建立资产全生命周期的数据治理机制，以数据资产目录为抓手，从数据源头采集、质量评估到价值化应用实施穿透式管理。

最后，建筑数据价值高度依赖垂直行业知识，通用性数据资产估值体系有待探索。不同于金融、消费等行业的结构化数据，建筑数据的特殊性在于强调行业经验、工程背景知识的融入。如何将设计图纸、施工方案、运维手册等非结构化、半结构化的数据纳入资产评估范畴，如何权衡建筑专业知识的价值占比，如何动态调整数据资产的定价模型，都是摆在院方面前的崭新课题。这就要求院方联合行业专家、研究机构等开展持续攻关，力争在摸索中形成可复制、可推广的建筑数据资产评估新标准。

毋庸置疑，数据治理体系的日臻完善，已成为建筑行业数字化转型的关键一环、构建现代化产业体系的重要支撑。对北京数字经济发展而言，建筑数据资产化是深化数据要素市场化配置改革、塑造发展新优势的生动实践。近年来，北京市把数字经济作为城市发展的战略选择，大力实施“北京数据二十条”，加快培育数据要素市场，推动数据资源开发利用和价值转化。北京建院与北数所的协同创新，既践行了“北京数据二十条”的改革部署，也丰富了首都数据要素市场的应用场景。

9.2 因“数”制宜，为权属厘清开良方

随着数字经济的兴起，数据权属的问题日益成为数字治理领域的重点和难点。数据，作为新兴的生产要素，其价值及潜力无疑巨大，但同时也带来了一系列权属界定的复杂性挑战。在这个背景下，厘清数据权属不仅是理论上的追求，更是实践中的迫切需求，它关乎数据资源的高效利用和健康发展，也涉及个体隐私保护和社会公平正义。

数据权属的理论困境与破局

数据作为新的生产要素，其权属问题必将重构生产关系和分配格局。

因此，这场关于数据权属的论辩，绝不仅仅是学术层面的思辨之争，而是事关数字经济未来走向的大势之争。

数据权属是一个全新的理论命题。与土地等传统生产要素不同，数据带有典型的无形性、非物质性特征，很难简单套用《民法典》的“物权”逻辑加以规范。因此，学界对数据权属的认识还存在诸多分歧。比较有代表性的是以下三种观点：一是财产权说，即数据可以作为一种新型财产，归数据的收集者或加工者所有；二是人格权说，即数据蕴含个人人格利益，应受到类似隐私权的保护；三是劳动成果说，即数据体现了劳动者的劳动付出，劳动者对其享有一定的权益。

这些观点各有侧重，但都不乏理据。比如，财产权说强调数据作为一种经济资源的属性，但对个人信息的保护考虑不足；人格权说彰显了对数据隐私权的尊重，但忽视了数据的财产属性和社会价值；劳动成果说关注到了数据生产者的利益，但对数据的后续流转和交易缺乏兼顾。由此可见，单一的理论视角很难厘清数据权属的复杂图景。

事实上，笔者认为，数据权属是一个综合性命题，需要在多元价值中寻求平衡，难以用一种一元化的理论逻辑来涵盖。因此，未来破解数据权属难题，必须秉持问题导向和系统思维，在法律实践中不断探索，在制度建设中动态完善。

一是要立足数据分类分级，构建多层级的权属框架。针对不同类型的数据，区分不同主体的权益诉求，形成公共数据、企业数据、个人数据等的差异化权属安排。在此基础上，按照数据的重要程度、风险等级等进行科学分级，明晰不同类别、不同级别数据的权属归属和开放边界，形成多层级、立体化的权属架构。

二是要坚持以人民为中心，平衡好效率与公平。既要充分调动市场主体参与数据开发利用的积极性，为创新驱动发展提供制度激励；又要切实保障广大人民群众的数据权益，让数据红利惠及全体人民。同时，还要注重发挥政府作用，加强公共数据治理，防止数据垄断，营造公平有序的数据要素市场环境。

三是要加强制度供给，健全法律规范。亟须加快数据立法进程，制定专门的数据权属保护法律，明确界定各类数据权益归属和保护规则。同时，要加强执法司法，提高数据纠纷案件审理的专业化水平，在司法裁判中不断厘清权责边界。此外，还要注重发挥行业自律和社会监督作用，形成多元共治的数据权益保护格局。

案例9-2 无锡梁溪：产业数据权属的生动探索

作为无锡市大数据产业发展的重要承载区，梁溪区近年来高度重视数据要素市场培育工作，并多次组织辖区内企业积极探索数据资产化路径。在梁溪区大数据管理局的指导下，无锡市梁溪大数据有限公司、中科城市大脑数字科技（无锡）有限公司、鲜度数据（无锡）有限公司、江苏猪八戒网企业服务有限公司等企业成为国内首批完成数据资产入表的企业，标志着梁溪区在数据资产化方面又迈出了坚实一步。

这是梁溪区深入贯彻国家和省关于加快培育数据要素市场的决策部署，推动数据资产化工作的重要实践。积极探索数据资产化路径，推动数据要素价值释放，为全市乃至全省数据要素市场化改革提供了宝贵经验。这些企业数据资产入表的成功实践，对于激发数据资源价值，推动数字经济高质量发展具有重要意义。

在此过程中，为确保数据资源在资产化过程中的合规性、价值度，梁溪区大数据管理局按照区委区政府要求组织辖区企业深入学习，多次邀请专业机构、行业专家进行政策解读，探索出一套符合梁溪数字产业实际的入表可行路径。

其中，梁溪区在推进数据资产化过程中，始终坚持“规范有序、合规价值”的原则，将数据资产治理作为数据资产化工作的重要基石。通过一系列扎实有效的数据治理举措，梁溪区为企业数据入表奠定了坚实基础，进一步激发了数据要素的内在价值和发展活力。

首先，梁溪区建立了完善的数据资产管理制度体系。在梁溪区大数据管理局的统筹下，制定了涵盖数据采集、存储、开发、应用、交易等环节的管理办法，明确了数据资产管理的基本原则、工作流程和权责边界。通过从制度层面规范数据资产化行为，有效防范了数据滥用风险，保障了数据安全和个人隐私。

其次，梁溪区强化了数据质量管理，提升了数据资产价值。数据质量是数据资产化的关键要素。为此，梁溪区建立了数据质量评估机制，从数据的完整性、准确性、时效性等维度，对企业数据资源进行全面“体检”。同时，引导企业优化数据采集流程，加强源头治理，并运用大数据清洗、脱敏等技术手段，全面提升数据的“含金量”。高质量的数据资产，是数据价值释放和流通应用的基本前提。

再次，梁溪区注重发挥数据资产的增值效应。依托专业机构力量，梁溪区探索建立了数据资产评估机制，并率先在全市范围内推广应用。通过对企业数据资产的价值评估，精准刻画数据资产的市场潜力，为数据资产交易提供了价格参考。一些龙头数据企业还积极对接数据交易平台，盘活优质数据资源，通过市场化机制促进数据资产增值，延伸开发出智慧交通、智慧旅游等创新应用，有力带动了区域数字经济做大做强。

最后，梁溪区还重视数据安全治理，筑牢数据资产化的“防火墙”。全面贯彻落实《网络安全法》《数据安全法》，制定了数据分级分类、风险评估、监测预警等管理制度，建立了数据安全责任制和考核机制。同时，积极运用区块链、隐私计算等前沿技术，在数据采集、流通、应用等环节嵌入安全防护，最大限度地降低数据泄露、非法交易等安全隐患。

9.3　数字鸿沟阴霾下的治理新课题

随着信息技术的快速发展和普及，数字鸿沟问题逐渐成为制约社会公平与进步的关键障碍。这不仅仅是一种技术或资源的不均衡，更是一种深刻的社会分层现象，它触及教育、就业、收入等多个领域，反映了社会发展的不平衡和不公正。

■ “数字落差”凸显

当今世界，信息技术的飞速发展正在深刻改变人类社会的方方面面。大数据、云计算、人工智能等现代信息技术的广泛应用，让数据驱动创新成为引领经济社会发展的新引擎。然而，当人们乐观地憧憬数字经济带来的美好愿景时，数字鸿沟的阴影也在悄然蔓延。它像一道深深的裂痕，割裂了不同群体、不同区域融入信息社会的机会，成为制约包容性增长、影响社会公平正义的新隐患。

何谓数字鸿沟？从狭义上看，它指不同群体在获取和使用信息技术方面存在的差距。有的人可以便捷地访问互联网，有的人却难以负担上网设备和流量；有的人掌握新技术应用的能力，有的人却因知识和技能缺乏而无法分享数字红利。从广义上看，数字鸿沟折射的是教育资源、就业机会、收入水平等方面的不平等。它与传统社会分层交织影响，数字资源禀赋的差异进一步强化了既有的利益格局。可以说，在数字时代的华丽转型下，不平等的阴影从未远去，只是披上了新的外衣。

我们必须清醒地认识到，数字鸿沟绝非偶然现象，而是数字经济发展进程中一个必然且棘手的问题。它根植于经济发展不平衡、区域差距显著的现实土壤，与收入分化、教育资源错配等因素相互交织，具有较大的客观性和复杂性。同时，由于数字红利分配不均，累积效应显著，数字鸿沟一旦形成，很可能愈演愈烈，加剧马太效应，最终威胁社会的公平正义。

从世界范围看，发达国家在数字基础设施、信息技术研发等方面占据优势，而许多发展中国家还面临基础薄弱、资金匮乏的困境，数字鸿沟正在全球层面扩大。联合国的报告显示，发达国家互联网普及率高达 87%，而最不发达国家仅为 19%。从国内视角看，我国区域发展不平衡的现象依然存在。东西部在数字设备普及率、信息消费占比等方面还存在显著差距。与此同时，老年群体、农村居民等在运用智能技术方面也面临诸多困难，数字时代的获得感急需补齐。

当前，以互联网平台经济为代表的数字经济正以数字鸿沟为温床，加剧马太效应。一方面，头部企业凭借资本、技术、数据的垄断优势，正在加速对产业链的渗透。中小企业面临数字化转型的重重壁垒，在与平台巨头的竞争中处于弱势地位，很难分享数字经济的增长红利。另一方面，智能技术的广泛运用正在加速知识密集型岗位的替代。机器换人的趋势下，低技能劳动者的就业空间被不断压缩，工资收入面临下行压力。而掌握数字技能的知识型人才则在就业市场独占鳌头，加剧了劳动力市场的两极分化。

案例9-3　合肥大数据：数据资产化助力弥合数字鸿沟

2024年2月5日，合肥市大数据公司开具了安徽省首张数据资源入表会计凭证，实现了全省首单数据资产入表。这一举措开创了数据资产化的新局面，为破解数字鸿沟提供了新思路。

为推进数据资产化进程，合肥市大数据公司在省市主管部门的指导下，积极落实相关政策要求。公司以自身交通出行板块业务为突破口，对多源数据资源进行了全面梳理和分析，确定了可入表的数据资源范围。

在实施过程中，公司高度重视数据资产化的规范性和合规性。他们组织法律、安全、审计等领域的专家，对数据资源进行了论证评估，确认数据来源、用途和使用限制等方面均符合相关规定。同时，公司还在合肥数据要素流通平台进行了存证登记，确保数据资产的权属清晰。

为充分发挥数据资产的价值，合肥市大数据公司基于入表的数据资源，研发了公共交通出行数据产品。通过采购、授权、自身业务积累等方式，公司打通了不同主体间的数据壁垒，形成了交通领域的多源融合数据资源。经过清洗和加工，这些数据资源被转化为高质量的数据产品，并在合肥数据要素流通平台上架交易。这些数据产品的应用，有效提升了合肥市公共交通的管理和服务水平，让更多市民享受到数字化带来的便利，缩小了不同群体在出行服务方面的数字鸿沟。

数据资产化为合肥市大数据公司带来了显著效益。入表后的数据资产，能够更准确地反映数据资源的内在价值，为企业带来融资、并购等方面的新机遇。同时，数据产品的推出也带动了交通行业的数字化升级，提高了运营服务效率，释放了数据要素的乘数效应。

合肥市大数据公司的数据资产化实践，探索出一套涵盖确认、计量、记录等环节的完整路径，为数据资产入表提供了标准化的操作规程。这不仅成功实现了公司资产边界的拓展，也为其他企业和地区提供了宝贵的经验借鉴。

此外，合肥市大数据公司的实践表明，数据资产化是政企合力破解数字鸿沟的有效抓手。通过高质量的数据资产，政府可以精准施策，在教育、就业、公共服务等领域精准发力，让数字红利惠及更广泛的群体。企业则可以依托数据资产优化业务布局，通过数字化转型升级传统业态，为弱势群体提供更多数字就业的机会。

第 10 章

数据伦理：构建信任的桥梁

当数据成为引领社会变革的新动力时，一个不容忽视的问题随之浮出水面：在这场波澜壮阔的变革中，个人尊严如何捍卫？隐私边界应当如何重构？机器伦理又该如何界定？科技进步在创造福祉的同时，也正在打破原有的伦理平衡。

10.1　隐私边界的重构之道

在这个信息爆炸的时代，个人隐私保护成了一个举世关注的话题。新技术的飞速发展，人们的生活变得更加便捷，同时，个人数据泄露的风险也日益增加。个人信息，如姓名、地址、电话号码、购买历史等，被广泛用于商业分析、广告推送，甚至在没有用户明确同意的情况下被买卖交易。

“透明人”的尴尬

在万物互联的数字时代，信息技术的力量一方面让生活变得更加便捷美好；另一方面，随着个人数据被大规模采集、存储和利用，隐私边界日渐模糊，个人对自身数据的控制力不断弱化，数字社会正在刷新隐私的定义和认知，由此带来了前所未有的伦理挑战。

过去，个人隐私往往局限在特定的物理空间内，如日记本、信件往来等。如今，随着数字足迹无处不在，从社交媒体上的一次签到，到线上购物平台的一次下单，再到智能手环记录的一次心跳……我们每时每刻都在产生海量的数据，且这些数据往往与现实身份一一对应。于是，一个在物理世界“隐形”的人，在数字世界却成了透明的数据符号，其生活轨迹、人际关系、行为偏好等隐私信息无所遁形。

尤其是在数据大规模汇聚、共享的商业浪潮下，“透明人”进一步沦为任人宰割的对象。一方面，个人很难知晓自己的数据被谁、以何种目的收集和使用。App 动辄要求授权访问通讯录、位置等敏感信息，智能音箱随时可能在“偷听”谈话内容，个人信息被肆意“圈权”的情况屡见不鲜。另一方面，已采集的个人数据往往在未经当事人同意的情况下被共享、转让、利用。大数据杀熟、精准诈骗、社交软暴力……无不是个人隐私被过度开发的恶果。

在这场没有硝烟的数据争夺战中，个人对自身数据的控制权已然沦为一纸空文。行业缺乏对个人隐私的敬畏，数据非法交易、滥用泛滥成灾；公众缺乏隐私保护意识，随意出卖隐私甚至沾沾自喜；法律对隐私保护的滞后，让侵权行为缺乏有效的制约和惩戒。可以说，“数据裸奔”已成为一种常态，而其背后是个人在裸露的数据面前的隐私无助。

这种状况如果任其发展，后果将不堪设想。从个人层面看，隐私泄露可能带来经济损失、社会污名，甚至人身安全威胁。从社会层面看，隐私保护缺失将损害公众对数字服务的信任基础，动摇数字经济良性运行的根基。从法治角度看，对个人隐私的漠视有悖宪法赋予公民的基本权利，有损民主法治的权威性。可以说，“透明人”之困，绝非个人的得失，而关乎整个数字文明的兴衰成败。

重塑个人数据主权

隐私保护是全社会的共同责任。其中，个人是隐私的权利主体，更应成为隐私保护的践行者。然而，在快餐式的数字消费时代，不少人养成了“隐私不值钱”的思维定式，习惯于用隐私去换取数字服务的便利。这种将隐私出卖的行为，其实正在为自身数据主权的弱化推波助澜。要扭转这一局面，关键在于唤醒个人隐私保护意识，以技术赋能为支点，以法治保障为助力，重构以人为本的隐私保护范式，实现个人对数据边界的自主控制。

具体而言，要充分尊重并保障个人对其数据的知情权、监督权、纠错权等权利。这就要求数据控制者应当以显著方式告知用户数据收集的目的、数据存储的期限、数据去向等相关信息，并获得用户的明示同意。同时，要为个人查询、纠正、删除自身数据提供便捷渠道，切实保障个人对数据的控制力。这是以人为本的隐私保护题中应有之义。

此外，还要充分借力隐私计算、隐私保护策略执行等技术，为个人数据保驾护航。可探索研发面向个人的隐私保护工具，帮助个人主动识别和规避 App 的过度索权行为；研发个人数据安全助手，实现个人数据去向可视、可控；加快构建个人“数字身份钱包”，便于个人集中管理自己在不同平台的隐私数据。通过技术创新为个人对数据边界的掌控插上腾飞的翅膀，方能让隐私保护做到“于法有据，于技术有恃”。

与此同时，还要加快健全个人隐私保护的法律制度。对个人而言，《民法典》《个人信息保护法》等虽已对个人隐私保护作出原则规定，但如何界定隐私边界，如何落实自主控制，还缺乏可操作的规则。为此，应尽快制定个人信息保护法实施细则，对个人信息的范围边界、分级分类、处理规则等作出明确界定。出台专门的个人数据权益保护条例，赋予个人对数据主体的完整权益。同时，要加大个人隐私保护的司法救济力度，畅通权益受侵个人寻求法律救助的渠道，加大对隐私侵权的惩处力度。

案例 10－1 扬子国投：3000 户数据脱敏入表更显价值

1 月 24 日，作为全国资产数字化领域的先行者，扬子国投率先完成首批 3000 户企业用水脱敏数据资产化入表工作。这一水务行业全国首单数据资产入表案例让扬子国投成为全国首批数据资产入表的企业之一，实现从0到1的关键一步。这也是全流程严格执行数据资产入表规定的江苏省首单数据资产入表案例。

在此之前，扬子国投高度重视数据资产入表工作，早谋划、早布局，成立由集团主要领导牵头的数据资产入表工作推进专班，以集团下属江北公用集团子公司远古水业供水数据为基础，以数研院为技术依托，经过十余轮研讨和现场调研，严格规范完成数据资产认定、登记确权、合规评估、经济利益分析、成本归集与分摊等环节，于1月24日将首批3000户企业用水脱敏数据按照账面归集研发投入计入“无形资产－数据资产”科目，实现数据资产入表。

在完成首批3000户企业用水脱敏数据资产入表的过程中，扬子国投高度重视数据治理工作，将其作为数据资产化的重要基石。公司深知，只有建立完善的数据治理体系，才能确保数据资产的合规性、安全性和价值性，实现数据价值的持续释放。

首先，扬子国投制定了严格的数据脱敏规范。在选取3000户企业用水数据时，扬子国投高度重视用户隐私保护，对原始数据进行了全面的脱敏处理。公司制定了详细的数据脱敏规范，明确了姓名、身份证号、手机号等敏感信息的脱敏要求和处理流程，并采用数据加密、数据截断等技术手段，确保脱敏数据不会泄露用户隐私。同时，公司还建立了数据脱敏审核机制，对脱敏后的数据进行严格审核，确保脱敏质量。

其次，扬子国投建立了完善的数据分级分类管理机制。针对3000户企业用水数据，公司根据数据的重要程度、敏感程度等因素，将其划分为核心数据、重要数据、一般数据等不同类别，并制定了差异化的管理措施。对于核心数据，公司实行重点保护，严格控制访问权限，并采取离线存储、网络隔离等措施，防止数据泄露。对于重要数据和一般数据，公司也分别制定了相应的管理制度和安全防护措施，确保数据的全生命周期安全可控。

最后，扬子国投不断强化数据质量管理。公司深知，高质量的数据是数据资产价值的根本保证。为此，公司制定了数据质量管理办法，从数据采集、清洗、存储、应用等环节入手，对数据质量进行全面把控。公司定期开展数据质量检核，及时发现和修正错误数据，提高数据的准确性、完整性和一致性。此外，公司还建立了数据质量考核机制，将数据质量纳入各业务部门的绩效评估体系，激发全员参与数据质量管理的积极性。

此外，扬子国投还积极开展数据安全风险评估。针对3000户企业用水数据，公司聘请第三方专业机构，从数据资产的机密性、完整性、可用性等方面开展全面的安全风险评估，综合运用现场检查、问卷调查、渗透测试等方法，深入排查数据资产在管理制度、人员管理、技术防护等方面的安全短板，并提出针对性的整改意见。公司严格落实整改要求，通过优化数据架构、升级安全设备、完善管理流程等措施，切实提高数据安全防护能力。

由此可以看出，扬子国投在数据资产入表过程中，全面加强数据治理，为数据资产的规范管理和价值释放打下了坚实基础。公司严格践行数据脱敏、分级分类、质量管控、安全评估等一系列数据治理要求，有效提升了数据资产管理的规范化、精细化、智能化水平，充分彰显了国企在数据安全和隐私保护方面的责任担当。

10.2　算法伦理的进化之路

在数字时代，算法不仅成为驱动创新和效率的关键工具，更在无形中塑造着我们的生活方式和价值观。随着算法的广泛应用，其背后的伦理问题也逐渐浮出水面，引起了社会的广泛关注。

从“免费午餐”到隐私牺牲

随着移动互联网的飞速发展，以免费或低价提供服务来获取海量用户数据，几乎成为互联网平台的“标准配置”。表面上，这场看似互利共赢的数据交易，实则暗藏着潜在的伦理隐患。个人用隐私做交换，平台拿数据做买卖，在这场没有硝烟的数据博弈中，谁是真正的赢家？谁又在为看似“免费的午餐”买单？

就个人而言，很多人享受着 App 提供的免费服务，却没有意识到自己正在用隐私做代价。在轻点鼠标的简单动作中，个人的位置、网页浏览、消费偏好等数据正源源不断地被 App 获取。尤其是借助人工智能、知识图谱等技术，平台可以对个人数据进行深度挖掘，洞察其生活轨迹、社交网络乃至人格特征。在这个过程中，个人对自身信息的控制权正逐渐丧失，沦为任人宰割的透明人。

从平台上看，积累海量用户数据是其竞争壁垒和变现基础。为了获得用户的授权许可，不少 App 设置了大量弹窗，搞起了“霸王条款”。仔细推敲其中的猫腻，无非是让用户在享受服务和保护隐私之间作一个非此即彼的选择：要么同意授权，要么无法使用服务。这种“挟私要价”的做法，名为征求同意，实为变相胁迫。而一旦取得个人数据，平台便会开足马力，最大限度地对其进行“吃干榨尽”，甚或转售他人。

从行业上看，在互联网经济的大潮下，用户规模几乎成了评判企业市值的唯一指标。在资本的裹挟下，平台争相用免费服务来饲养用户，形成了一种扭曲的商业生态。这不仅助长了个人隐私被“明码标价”的歪风，更在无形中放大了数据滥用的溢出性风险。事实上，个人隐私数据已渐成灰色产业交易的重要标的。倘若平台因管理疏失或利益驱使而发生大规模数据泄露，后果不堪设想。

可以说，看似互利共赢的“免费午餐”，实际上是在个人权益的让渡中慢性中毒，是在数据资本的野蛮扩张中饮鸩止渴。从更深层次看，这反映出由数据驱动的商业模式创新，与以隐私保护为核心的数据伦理要求之间的张力。当前，互联网平台大多将注意力集中在如何让数据这匹“千里马”尽情驰骋，而忽视了如何为其披上伦理的缰绳。殊不知，在数据时代，对个人尊严的呵护、对伦理底线的坚守，不仅是平台的道德责任，更关乎其生存发展的根基。

跨越机器伦理的鸿沟

从互联网平台的个性化推荐，到金融领域的智能风控，再到智慧城市的精准治理，处处闪耀着智能算法的光芒。毋庸置疑，算法已成为数据价值挖掘的利器，是人工智能赋能实体经济的关键技术。然而，算法应用也并非尽善尽美。信息茧房效应、算法歧视等问题的凸显，昭示着算法伦理正成为数据时代亟待直面的全新命题。

信息茧房，是算法推荐面临的突出伦理难题。互联网平台基于海量用户数据进行画像，使用协同过滤、深度学习等算法对内容实施个性化推送，貌似是无微不至的贴心服务，但从数据伦理的视角审视，这种做法却是把“双刃剑”。一方面，它通过数据标签，将用户圈定在同质化信息的“茧房”中，限制了个体接触多元观点、拓展认知边界的可能；另一方面，有意无意地放大了用户的原有偏好，强化了群体极化倾向，可能引发社会对立。而一旦算法运行出现偏差，后果将不堪设想。

算法歧视，是大数据时代日益凸显的伦理顽疾。人工智能在就业、司法、医疗等领域大放异彩，本应让每个人不分肤色、性别、年龄，享受科技进步的红利。现实却是，一些机构利用算法筛选简历，产生对女性的就业歧视；一些企业滥用算法做风险定价，让不同地区的客户承担不同的服务价格……在冰冷的数据背后，偏见和歧视无所遁形。对于弱势群体而言，这无异于一种身不由己的宿命，加剧了数字鸿沟带来的不公。

算法失控，是数字治理面临的重大隐忧。当前，不少地方热衷于应用算法缓解交通拥堵、及时发现风险隐患。在追求治理效能的过程中，一些部门极易放松对算法的价值引导，听任其“独断专行”。算法模型本身的不透明性，更让公众难以监督，使之成为悬在每个人头上的“达摩克利斯之剑”。

从表面上看，信息茧房、算法歧视、算法失控反映出对技术发展规律和数据伦理要求认识不足，是算法应用的成长烦恼。但深层次看，这折射出科技向善正面临价值迷思，是数字文明发展进程中的必答题。事实上，作为人工智能时代的核心驱动力，算法绝非中性的技术存在，而是深深烙上了技术、资本乃至权力关系的印记。因此，破解算法应用的伦理困局，关键是要强化科技向善理念，坚守以人为本、以民为本，让伦理道德成为算法设计和应用的“指南针”。

案例 10－2 天津供热：算法伦理守正创新

在数据日益成为关键生产要素的今天，推动数据资产化进程，培育数据要素市场，已成为各地抢抓数字经济新机遇、塑造发展新优势的重要路径。天津市河北区供热公司在天津数据资产登记评估中心、中闻律师事务所等多家专业机构的协同支持下，于2024年1月1日获得《数据资产登记证书》，成为天津市首个入表数据资产的国有企业。这标志着天津市在数据要素市场化配置改革中迈出关键一步，树立了数据资产化的创新标杆。

在入表过程中，公司高度重视数据伦理问题。从数据资产的收集、存储，到开发、应用，公司全流程贯彻“合法、合规、合理”原则，并积极采取技术性和管理性措施，切实加强数据安全和隐私保护。在技术层面，公司运用数据脱敏、加密等手段，对涉及用户隐私的信息进行必要的技术处理。管理上则制定专门的隐私保护制度，严格限定敏感数据的知悉范围，并与用户签订隐私协议，明确告知数据收集使用规则，最大限度保障用户的知情权和选择权。正是凭借规范有序的数据治理体系，公司确保了数据资产价值的估值真实客观，入表工作获得了登记评估中心等专业机构的高度认可。

数据伦理是数据资产化必须坚守的底线，而算法伦理则是数据应用过程中必须着力打造的“压舱石”。当前，供热企业正加速向供热系统的数字化、智能化转型，借助大数据、人工智能等新技术，深度挖掘数据价值，优化供热生产调度，提升运营效能。但算法应用也可能带来偏见、歧视、“黑箱”等伦理风险。为此，河北区供热公司高度警惕算法伦理风险，着力打造负责任的人工智能应用。一方面，公司在开发智能供热调度系统等算法应用时，特别强调算法设计的“以人为本”理念。通过“人机协同”的方式，避免算法“独揽大权”，切实维护人的主体地位。另一方面，公司注重强化算法可解释性。供热调度关乎千家万户的冷暖，容不得半点差池。公司要求对涉及重大公共利益的算法系统，必须具备可追溯、可审计、可质疑、可纠正的透明度，坚决杜绝“黑箱”运行。此外，公司还定期开展算法伦理审查，及时发现、评估和纠正算法设计中可能存在的价值偏差。譬如，供热调度中要特别关注保障困难群体、老幼病残等重点人群的基本供暖权益，防止简单依赖算法结果而加剧“数字鸿沟”。

作为国有企业，河北区供热公司勇担数据资产化的先行者角色，积极践行算法伦理要求，着力推动形成规范有序的数据要素市场，充分彰显了国企的责任担当。这为全市数据资产化进程树立了鲜明的导向，对于引领行业数字化转型、保障和改善民生具有重要意义。

10.3　公平正义的守护之盾

面对数据驱动的未来，构建一个公平正义的数字社会需要确保技术发展不仅符合经济效益，更须符合伦理标准。这意味着在数据处理和算法设计时要考虑到多元化和包容性，防止算法歧视；在数据利用时要保护用户隐私，避免滥用数据损害用户权益；在数据共享时要建立公平的数据获取和分配机制，减少数字鸿沟。

算法失控的马太效应

算法歧视为何屡屡发生？从深层上看，源于对机器学习“带偏”问题认识不足。许多人假定，相比人类，机器作出的判断应当更加客观公正。然而事实恰恰相反：当人工智能系统从不平等的社会现实中习得知识时，数据偏差在所难免，而这些偏差又通过算法被放大强化，甚至固化为系统性歧视。这种“偏差叠加放大”效应，正是算法歧视的症结所在。要拆解算法的歧视性决策链条，就必须正视机器学习的“带偏”本质，从根本上防范和化解偏差风险。

首先，训练数据的代表性偏差是算法歧视的重要根源。机器学习本质上是基于已知样本对未知数据作预测推断，当训练数据存在偏差时，偏见也会被学习甚至放大。这些偏差可能源于样本量的不足，如用白人男性图像训练人脸识别系统，难免产生性别和种族偏差；也可能源于数据标注环节的主观性，如用男性工程师标注的数据去训练语音助手，往往倾向于习得刻板的性别角色。由此可见，数据的偏差最终会“污染”算法，形成有色眼镜，限制了算法对世界的理解视角。

其次，算法模型的设计同样可能引入价值偏差。事实上，从特征工程到模型选择，从目标函数到评估指标，算法设计的每一个环节都离不开人的价值判断。人的价值判断又难免打上自身认知局限的烙印。比如，信用评分模型如果将教育水平纳入考量，看似提高了违约风险预测的准确性，但实则忽视了教育获得的不平等，最终加剧了信贷资源的阶层固化。由此可见，看似技术中立的背后，往往暗含着模型开发者有意无意的价值取向。

更值得警惕的是，在利益驱动下，一些企业可能主动引入价值偏差，通过算法放大差别对待。比如，动态定价算法通过区分不同用户的支付意愿，对不同群体开出不同的价格，最大化企业利润；再如，短视频算法通过大数据“画像”用户的心理弱点，投其所好，推荐焦虑、情绪化内容，放大信息茧房效应。在逐利本能的驱使下，算法成了商业化工具，背离了技术向善的价值初心。

■ 用人文关怀驯化算法

近年来，对抗式机器学习方兴未艾，为化解算法歧视带来了新的思路。所谓对抗式学习，是指通过设计两个相互博弈的神经网络：一个生成对抗样本，试图欺骗模型；一个不断学习提高对对抗样本的辨识能力。通过生成网络和判别网络的反复博弈，不断提高模型应对对抗性噪声的鲁棒性和泛化能力。这一灵感源自生物进化中“物竞天择，适者生存”的法则。与之类似，将人性中的偏见比作一种“噪声”，对抗式学习通过设计“敌意”环境，让模型在鲁棒进化中消解偏见，不啻为一条符合智能本质的消歧之道。

具体而言，对抗式反歧视学习主要有两种技术思路：一是在训练阶段，通过对抗式生成网络构造大量的反歧视样本，持续向原始数据“注入”中性化的样本，从数据源头上中和、淡化歧视性特征，使模型显得公平。例如，可通过生成性对抗网络 GAN 合成大量有色人种面孔图像，纳入人脸识别的训练集。通过对抗训练，可使模型对不同肤色的人脸识别准确率趋于一致，从而化解种族偏见。二是在决策阶段，通过对抗式学习对歧视性的模型输出进行实时干预。具体做法是，设计一个对抗式判别器，专门识别模型输出中的偏见，通过反馈信号纠正决策结果。这就像为决策系统设置了一个“伦理闸门”，及时拦截歧视性决策。例如，对就业性别歧视，可训练一个性别偏见判别器，筛查招聘系统输出的求职者排序，若发现排名与性别相关，及时调整模型参数。通过这种“道德免疫”机制，一举化解了模型决策中的隐性偏见。

借助对抗式学习来消解算法歧视，其独特优势在于顺应了机器学习的内生逻辑。有别于事后审查、被动应对，对抗式学习转换视角，主动创设博弈环境，激发智能系统的进化潜力，在人性中携带的偏见“病毒”入侵前，就为模型接种“伦理疫苗”。这是一种将人类价值理念内化于机器智能迭代的创新思路，有望实现从外生约束到内生进化的根本转变。可以预见，随着对抗式学习等前沿理论的不断突破，未来将涌现出更多“以智治智”的算法消歧技术创新，为构建可信的人工智能助力加持。

案例 10－3 佳华科技：数据价值变现的伦理底线

随着数字经济的蓬勃发展，如何盘活数据资产、实现其价值转化，成为摆在企业面前的一大难题。2022 年，在全国范围内选择部分企业开展数据资产评估试点，旨在为数据资产变现“铺平道路”。在这一背景下，罗克佳华科技集团股份有限公司（以下简称佳华科技）脱颖而出，其数据资产价值得到权威认可，并最终获得了全国首笔基于数据资产质押的千万元贷款，开创了数据资产金融化的新范例。

佳华科技作为全国首批数据资产评估和质押融资试点企业，在数据资产金融化进程中树立了标杆。然而，在推动数据资产流通、释放数据红利的同时，也要高度重视数据应用过程中的技术伦理问题，确保数据驱动的创新发展既高效又负责。

首先，要防范算法歧视风险，确保数据应用的公平性。在大数据时代，机器学习算法正广泛应用于金融信贷、社会治理、商业决策等领域。然而，如果训练数据存在偏差，或者算法设计不当，就可能放大甚至固化既有的社会偏见，导致对特定群体的系统性歧视。例如，基于历史数据训练的信贷评估模型，可能会因原始数据中女性违约率相对较低，而倾向于为女性申请人给出更低的信用评分。对此，佳华科技在开发数据产品时，应建立负责任的算法原则，对模型结果进行全面评估，识别和消除潜在的有害偏见。通过数据去偏、算法攻击测试等技术手段，最大限度降低算法歧视风险，让数据红利惠及每一个人。

其次，要加强数据隐私保护，筑牢个人信息安全防线。在数据资产化过程中，用户隐私安全始终是头等大事。通过收集汇聚海量数据，企业能够精准分析用户行为、预测市场趋势，但与此同时，敏感个人信息泄露、数据滥用等风险也与日俱增。对于掌握大量生态环境监测数据的佳华科技而言，更需将隐私保护置于优先地位。在数据采集、存储、传输、分析、应用等每一环节，都应严格遵循最小够用、去标识化、加密脱敏等数据安全原则。佳华科技还应积极采用联邦学习、隐私计算等前沿技术，在原始数据不出库的前提下实现高价值数据应用，真正让用户“放心用、安心享、舒心聚”。

最后，要强化算法创新驱动，让数据价值红利惠及生态文明建设。佳华科技此次获评估入库的大气环境质量监测和服务项目数据资产，不仅商业价值高，应用前景也十分广阔。面对我国环境治理和生态保护的迫切需求，佳华科技应进一步强化算法创新驱动，发挥数据要素价值放大器作用。一方面，可充分运用物联网、大数据、人工智能等新兴技术，提升环境数据感知的时空粒度和质量，降低监测盲区。另一方面，还可探索研发数字孪生、区块链存证等面向碳中和、环境执法等场景的创新应用，让宝贵的生态环保大数据“活”起来。

总之，佳华科技数据资产化的突破性进展，既是数据价值变现的创新探索，也为生态文明建设注入了新动能。在数字经济浪潮中，唯有坚持以人为本、技术向善，在开发利用数据的同时筑牢安全、公平、可信的底线，以创新驱动挖掘数据价值，在协同共创中形成数据合规开放共享的良性循环，才能真正让数据红利惠及千家万户。

10.4　透明问责的固本之基

数据伦理的讨论不仅仅关乎技术问题，更关乎社会治理的根本。透明问责机制的构建，要求我们在数据收集、处理、使用和共享的每个环节中，确保所有行为都能够接受公众的监督和评价。

信息不对称撕裂的信任危机

据2019年爱德曼信任度调查，全球一般大众对技术行业的信任度为78%，而中国的这一数据仅为63%。面对个人信息泄露、算法歧视、平台垄断等乱象，公众对科技创新的疑虑与日俱增。信任，作为凝聚人心、汇聚共识的无形纽带，一旦缺失，后果将不堪设想。毫不夸张地说，信任危机正成为困扰数字治理的致命“黑洞”，它所吞噬的不仅是社会资本，更将动摇数字文明的根基。

从深层次来看，公众对数字技术的不信任，根源在于信息不对称所导致的系统性风险。一方面，技术系统在高度复杂的同时，也呈现出日益封闭的“黑箱”特征。算法模型、数据处理等核心环节长期笼罩在商业机密的迷雾中，公众难以洞悉技术创新的内情。另一方面，信息鸿沟加剧了结构性风险。平台、企业手握海量的用户数据，信息收集、使用过程却鲜有外部监督。个体在信息获取和表达诉求方面处于弱势。由此，“数字豪权”与弱小个体间的不平等日益拉大，滋生了难以弥合的信任裂痕。

在利益驱动下，技术系统也沦为逐利的工具。算法推荐不惜操纵人性弱点，只为刷高用户粘性；平台竞逐不择手段，用隐私侵犯换增长；大数据杀熟、算法歧视等乱象，无不凸显了伦理的失范。殊不知，在透明度匮乏、问责机制缺失的土壤中，技术发展注定难以持续，公平正义也将无从谈起。从这个意义上说，在不对称的信息格局中，唯有让公众知情、参与和监督的权利得到切实保障，数字社会的信任根基方能夯实。

何以重塑信任？回望人类社会治理的历史，每一次重大变革都伴随着权力的制约和再造。以法治为基石，以透明为原则，以问责为手段，方能厘清权责边界，培育有序参与。循此逻辑，在数字时代，透明和问责理应成为重塑信任的“金钥匙”。通过推动决策透明，建立多元参与机制，形成社会协同治理合力；通过严格责任追究，强化企业主体责任，构建纵向到底、横向到边的全链条问责体系。

案例 10－4 温州市财政局：“数智”生态的生动注脚

在数据资产化大势下，浙江省温州市财政局以市大数据运营有限公司“信贷数据宝”数据资源为实例，率全省之先积极探索数据资产管理试点工作，实现数据资产确认登记第一单，这也是目前国内有公开报道的财政指导企业数据资产入表第一单。

在推进数据资产管理试点的过程中，温州市财政局始终坚持将数据治理作为基础性工作来抓，高度重视数据资产的规范化、安全化管理，确保数据资产“应登尽登、应管尽管”，为数据价值释放奠定了坚实基础。具体来看，温州市财政局主要采取了以下数据治理举措：

(1)建立健全数据资产管理制度体系。温州市财政局在组织开展数据资产管理试点的同时，着力构建配套的制度体系。财政部门牵头制定了《企业数据资产管理办法》，从数据采集、存储、开发、利用、保护等环节入手，明确了数据资产管理的基本原则、主要内容和工作流程，为数据资产登记确认提供了制度遵循。同时，温州市还积极参与浙江省地方标准《数据资产确认工作指南》的起草，推动形成全省统一的数据资产管理规范。

(2)强化数据资产全生命周期质量管控。数据质量是数据价值的基石。温州市财政局指导试点企业全面梳理数据资源，并对拟登记入库的数据资产进行严格的质量评估。通过数据完整性、准确性、时效性等维度的“体检”，剔除劣质数据，提纯优质数据资产。同时，温州市还探索建立了数据资产质量持续改进机制，定期开展数据质量“回头看”，动态监测数据资产的“健康状况”，并及时修正数据缺陷，确保数据资产的“含金量”。

(3)严格把关数据资产登记确认流程。数据资产登记确认是数据资产化的关键一环。温州市财政局组织专家团队，对试点企业申报的数据资产逐一进行论证评估，严把登记确认关口。综合运用函证、盘点、鉴定等方法，重点审核数据资产的真实性、合规性和可靠性，对于权属不清、来源违法、价值不实的数据资产“零容忍”，坚决不予确认。同时，温州市还建立了数据资产登记确认的责任追究机制，确保登记工作万无一失。

(4)深入开展数据资产安全风险评估。数据安全是数据资产管理的重中之重。温州市财政局高度重视数据资产的安全防护，组织开展了全方位的安全风险评估。通过梳理数据资产的分布情况、传输路径、访问权限等，识别数据安全风险点，并有针对性地制定安全防护措施。试点企业还建立健全了数据分级分类、数据备份、数据脱敏等管理制度，从制度和技术两个层面为数据资产的安全利用保驾护航。

(5)积极探索规范数据资产开发利用。在做好数据资产登记确认的基础上，温州市财政局还积极探索规范数据资产的开发利用。针对数据共享开放、数据交易流通等场景，温州制定了严格的数据使用规范和审批流程，明确了全流程可信可控的数据利用“红线”。同时，温州还在试点企业中推行数据资产台账管理，借助区块链等新兴技术，实现对数据资产流向的全程追溯，有效防范了数据资产滥用风险。

总的来看，温州市将数据资产登记纳入更大的数据治理版图统筹考虑，系统构建了全口径、全流程的数据资产管理机制，实现了对数据资产的规范化、常态化“精细管理”，为数据价值安全有序释放提供了有力保障。

第 11 章

数据决策：用数据重塑规则与流程

在大数据的洪流中，规则与流程无时无刻不在被重塑。随着数字革命的浪潮席卷全球，数据已然成为驱动创新、优化决策、重塑业态的关键要素。然而，面对海量、多源、异构的数据资产，传统的管理规则和业务流程显得捉襟见肘，难以应对数据驱动的时代需求。唯有深刻洞察数据脉动，重构规则，优化流程，方能在纷繁的数据迷宫中找到通往智慧决策的“金钥匙”。

11.1 数据驱动业务流程再造

随着数据量的爆炸式增长，数据治理——确保数据质量、安全性、有效性和合规性的过程——变得日益复杂和具有挑战性。传统的数据治理模式在处理如此庞大和复杂的数据集时显得力不从心，无法满足快速发展的业务需求和日益严格的合规要求。正是在这样的背景下，智能化技术开始大显身手，它们正在重新定义数据治理的范畴和能力。

业务流程优化的“新引擎”

智能化技术的核心价值在于其能够显著提高数据治理的效率和有效性。通过自动化处理大量复杂的数据，这些技术不仅可以减轻人工负担，还可以提高数据处理的速度和准确性。例如，机器学习算法可以自动识别和纠正数据错误，提高数据质量管理的水平。同时，这些算法还能预测数据质量问题，从而提前采取预防措施，避免潜在的风险和成本。

在数据隐私和安全领域，智能化技术同样发挥着关键作用。区块链技术，以其不可篡改和加密的特性，为数据提供了一种安全的存储和共享方法。这不仅有助于保护敏感信息不被未授权访问，还能增强数据交换过程中的信任度。此外，通过使用人工智能进行实时监控和异常检测，组织可以更有效地防御网络攻击和数据泄露，确保数据的安全性和完整性。

智能化技术还在数据治理的合规性方面发挥着至关重要的作用。随着数据保护法规的不断演进，手动跟踪和遵守这些复杂的法规变得越来越困难。人工智能和机器学习可以通过自动化合规流程，识别潜在的合规风险，帮助组织减少合规成本并避免重大法律后果。例如，智能算法可以分析数据处理活动，确保它们符合欧盟 GDPR 等法规的要求。

除了提高效率、保障安全和合规性外，智能化技术还推动了数据治理的战略价值。通过深度学习和大数据分析，组织能够从海量数据中提取有价值的洞察，支持更加精准的决策制定。这种能力使数据不仅仅是被动管理的对象，更成为驱动业务增长和创新的关键资产。

总之，智能化技术正成为数据治理的一股不可阻挡的力量，它们不仅解决了传统数据治理面临的挑战，还为组织提供了前所未有的机会，以数据为中心构建更智能、更安全、更合规的未来。

案例 11－1 有数科技：NOVA 破解企业数据资产增值

近年来，各地积极探索数据资产化、资本化路径。在这一背景下，广州有数数字科技有限公司（以下简称有数科技）携手 DAMA China、国际数据管理高级研究院、五十人（厦门）大数据研究院有限公司、浙江垦丁律师事务所等合作伙伴，于 2024 年 3 月 13 日正式发布了全国首个基于 AI

算法的数据资产增值方案——NOVA 数据资产增值 AI 平台（以下简称 NOVA 平台）。

在构建 NOVA 平台的过程中，有数科技始终坚持将数据治理作为数据价值释放的重要前提。公司深刻认识到，只有对数据资产进行规范管理和安全利用，才能确保平台运行的合规性和可持续性，让数据真正成为企业的“富矿”。

首先，有数科技高度重视 NOVA 平台的数据质量管理。平台汇聚了海量、异构的企业数据资源，而数据质量的高低直接决定了应用价值的大小。为此，有数科技在平台设计之初就嵌入了严格的数据质量管控机制。通过数据资源分析、数据质量监测等技术手段，平台可以自动识别数据缺失、重复、异常等质量问题，并及时预警和处置。同时，平台还内置了多维度的质量检核规则，从数据的完整性、准确性、一致性等方面，对接入的数据资源进行“体检”，确保只有高质量的数据才能“入池”参与后续应用。

其次，有数科技还十分注重 NOVA 平台的数据安全治理。平台采用了领先的数据安全技术框架，对企业的数据资产进行全生命周期保护。从数据采集、传输到存储、处理、交换、销毁的各个环节，平台都制定了严密的安全防护措施。特别是在数据共享交换场景下，平台采用了联邦学习、多方安全计算等隐私保护技术，在确保原始数据不出本地的前提下，实现了数据价值的安全流通。同时，有数科技还与权威机构合作，建立了 NOVA 平台的数据安全评估体系，进行周期性的数据安全审计，持续优化数据安全防护能力。

再次，有数科技还积极探索 NOVA 平台的数据权益治理。在数据资产的交易利用过程中，如何界定数据权属、如何分配数据收益等问题一直备受关注。对此，有数科技在平台设计中融入了先进的数据确权机制。通过区块链、隐私计算等技术手段，平台实现了对数据资产全生命周期的追溯管理，明晰了不同主体的数据权益边界。同时，平台还与合作伙伴共同探索形成了一套数据收益分配机制，针对场景挖掘、平台开发、数据交易等环节，按照各方的贡献大小，合理分配数据资产增值收益，激励各参与方共同推进数据要素市场化进程。

最后，有数科技还高度重视NOVA平台的数据伦理治理。随着人工智能、大数据分析等技术的快速发展，数据滥用、算法歧视等伦理风险日益凸显。对此，有数科技在平台开发过程中始终坚持“以人为本、伦理先行”的理念。通过设置数据使用的“负面清单”、对算法进行伦理审查等举措，平台最大限度地避免了数据资产应用可能带来的伦理风险。平台还成立了伦理委员会，负责制定数据伦理准则，并定期开展伦理评估，及时发现和化解数据使用中的伦理困境，树立行业标杆。

11.2 让数据洞见的光芒照进决策现场

在数据决策的新纪元中，数据不仅仅是信息的集合，更成为重塑规则与流程的关键力量。数据洞见的光芒，照进决策现场，为传统管理带来颠覆性的变革。这种变革远不止于简单的技术应用，它触及决策思维的深层次改变，让数据驱动成为企业战略规划与日常运营的核心。

让管理者拥抱数据智慧

管理决策水平的高低，直接影响着企业发展的成败。传统的管理决策过度依赖经验和直觉，存在主观性强、精准度不足等痛点。而在数字经济时代，大数据正以前所未有的广度和深度重塑管理决策的内在逻辑。那些能够洞察数据价值、驾驭数据力量的管理者，正在成为引领行业变革的领跑者。面对汹涌而来的数据浪潮，管理者唯有主动拥抱数据智慧，以数据之力激活管理之道，方能在决策变革中抢占先机。

究其本质，数据驱动的管理决策革命，是从经验直觉向数据智能的范式转变。它以数据为依托，以分析为利器，以洞见为目标，为管理决策注入“科学因子”。具体而言，数据的价值主要体现在以下三个方面：一是基于数据全面采集，多维度刻画内外部环境，夯实管理决策的现状分析基础；二是基于数据深入挖掘，揭示管理活动的内在规律，赋能预测分析和情景模拟；三是基于数据辅助决策，动态优化资源配置，持续完善管理改进路径。数据犹如一面镜子，既照见管理现状，又映射未来图景，为管理决策插上腾飞的翅膀。

然而，我们也要看到，当前许多企业对数据驱动管理决策的认知还相对模糊，缺乏体系化的行动路径。这种状况若不尽快扭转，必将削弱企业的核心竞争力。这就需要广大管理者以思想破冰带动行动突围，积极探索数据时代管理变革的新范式。一方面，要树立数字化管理理念，将管理决策与数据思维深度融合，用数据重构管理流程、管理制度和管理方法；另一方面，要加快数字化管理的平台建设和能力培养，为数据赋能管理决策提供有力支撑。只有在观念更新和实践创新中系统推进，才能真正让数据成为管理决策的“新引擎”，为企业发展注入源源不断的新动能。

■ “数据算法”重塑商业逻辑

计划、采购、生产、销售等环节中的需求预测与管理决策，历来是供应链管理的核心。然而，在市场多变、竞争激烈的当下，传统的需求预测往往力不从心。凭借历史经验和主观判断，很难对诸多影响因素进行全面考量，更难对风云变幻的市场形势做出快速反应。大数据分析的出现，为需求预测和管理决策带来了新的解决方案。企业正在利用大数据技术，多路径采集数据，多维度分析数据，重塑供应链的需求管理图景。

某大型连锁零售企业的实践颇具典型性。面对上万种 SKU 的管理难题，该企业通过部署大数据平台，将商品销售、库存周转、供应商交付等多源异构数据进行关联整合。借助机器学习算法，从海量数据中自动提取隐藏模式，精准预测未来一段时期内单品的需求走势，并结合不同门店的空间位置、消费特征，对补货时间、补货量进行动态优化。与此同时，系统还整合了天气、节假日等外部数据，通过多维关联分析，及时捕捉市场热点，调整商品结构和价格策略。

在这一过程中，数据扮演着关键角色。一方面，庞大的数据量级提供了丰富的训练样本，算法模型通过不断自我学习和优化，预测的颗粒度和准确性得以持续提升；另一方面，数据维度的拓展让各类影响因素“一网打尽”，使需求预测从单一的历史外推走向多因素的综合研判。该企业通过数据驱动重塑需求预测，实现了精准的自动化补货，不仅将缺货率降低了50%，而且库存周转效率提高了30%。

事实上，类似的实践正在零售、制造等领域蓬勃兴起。越来越多的企业运用大数据分析后，对市场需求的成因、规律、趋势洞若观火，并据此优化采购、生产、配送等各环节的管理决策。需求预测正成为大数据价值变革供给侧的生动缩影。可以预见，随着数据驱动的延伸和深化，整个供应链体系将被重塑，柔性化、扁平化、敏捷化的需求响应能力必将成为塑造企业核心竞争力的关键。

案例 11-2 南京公交：以数据之力点亮智慧公交

南京市作为长三角城市群的重要节点城市，高度重视数字经济发展。2023年，南京市发布了《关于加快培育数据要素市场的实施意见》，明确提出要推进数据资源的资产化，并鼓励国有企业在数据确权、定价和交易等方面率先试点。在这一背景下，南京市城市建设投资控股（集团）有限责任公司（以下简称南京城建集团）旗下全资二级集团南京公共交通（集团）有限公司（以下简称南京公交集团），于2024年1月完成了约700亿条公共数据资源的资产化并表工作，成为江苏省首单城投类公司数据资产评估入表案例。

南京公交集团此次完成700亿条公共数据资源资产化并表，是国有企业践行数字化发展战略、深化数据治理体系和治理能力现代化的集大成者。这一创新成果不仅为公交行业数字化转型树立了标杆，更生动诠释了数据“入表”后在企业管理决策中的巨大赋能价值。

首先，数据资产化为南京公交集团精准施策、科学决策打开了新窗口。700亿条公交运营数据的系统盘点、质量评估和价值计量，犹如为企业管理决策装上了一双“火眼金睛”。基于大数据分析，集团能够更加全面、动态地洞察市民出行需求变化，优化线网规划，在客流高峰期灵活调配运力，从而在降本增效中实现了“1+1>2”的管理效能提升。譬如，某条公交线路在晚高峰时段的刷卡量连续多日突增，数据系统自动预警后，集团及时增派车辆疏运旅客，有效缓解“晚高峰挤不上车”难题，真正让大数据驱动管理决策更加精准、高效、人性化。

其次，数据价值释放为南京公交集团破解管理难题、推进精细化运营注入新动力。作为直接服务百姓出行需求的窗口单位，集团时刻聚焦群众急难愁盼，将数据价值嵌入安全、服务、调度等关键管理流程，以提质增效激活发展新动能。比如，通过对站点客流数据、乘客投诉数据的智能关联分析，集团精准识别服务短板，并对症下药，在重点线路、站点加强驾驶员礼仪培训，推行站点“清洁制”，从而在2023年实现了投诉量同比下降20%，乘客满意度达历史新高。又如，利用车辆运行参数、交通事故数据等，集团建立了涵盖全员的安全驾驶指数评价体系，对高风险驾驶员实施重点管控，连续5年实现了重大交通事故“零发生”。

最后，数据赋能为南京公交集团内外协同治理、提升社会价值贡献开辟新路径。数据“活”起来，公交服务才能跑起来。集团积极推动数据资产的对外合作开放，让数据红利惠及更广泛的利益相关方，彰显国企在社会治理和公共服务中的价值担当。集团主动对接市交通、规划、大数据等部门，推动公交数据与城市道路、交通流量、充电桩等数据的互联互通，让“公交大脑”成为“城市大脑”的重要组成。

11.3 数据辅助风险防控

在当今的数据时代，决策过程的智慧化已成为企业和组织获取竞争优势的关键。数据决策的智慧化，即利用数据科学和大数据技术来支持和优化决策过程，正变得日益重要。这种转变不仅仅是技术的进步，更是对传统决策模式的一次根本性革新。

从预警到预判的飞跃

数据驱动决策的理论基础植根于决策理论和数据科学的结合。决策理论传统上关注于如何在不确定性条件下作出最优决策。它包括一系列模型、原则和算法，用于指导人们评估不同选项的可能结果，并选择最佳方案。数据科学为决策理论提供了一套强大的工具和方法，使决策者能够基于大量的数据和复杂的数据分析来进行决策。

数据收集与整合技术是数据驱动决策架构的基础。在这个数字化时代，数据来源多样化，包括但不限于社交媒体、物联网（IoT）设备、在线交易记录、企业内部数据库等。这些数据的类型和格式各异，从结构化的数字和文本到非结构化的图片和视频。因此，有效地收集和整合这些数据对于确保数据质量和可用性至关重要。

在数据整合的基础上，数据分析与模型构建成为提取数据价值、支持决策制定的核心环节。现代数据分析技术，特别是机器学习和深度学习，已经能够处理海量的数据集，从中识别出模式和趋势，甚至预测未来的发展。这些技术不仅可以用于描述性分析（分析过去和当前的数据以理解发生了什么），还可以进行预测性分析（预测未来可能发生的事件）以及规范性分析，为决策者提供行动方案。例如，在金融行业中，通过分析历史交易数据和市场趋势，机器学习模型可以预测股价变动，帮助决策者做出投资决策。在零售行业，深度学习可以分析消费者行为，预测未来的购买趋势，从而指导库存管理和营销策略。

实时数据分析技术的发展，特别是流数据处理技术，为动态决策支持提供了新的可能性。在许多情况下，决策需要基于最新的数据快速作出，例如，在金融市场交易、网络安全监控或紧急事件响应中，流数据处理技术能够实时处理和分析数据流，为决策者提供即时的洞察和预警。这种技术的应用，大大提高了决策的时效性和准确性，使组织能够更敏捷地响应变化，把握机遇。

案例 11-3　贵阳银行："数据贷"点亮金融创新

随着大数据时代的到来，数据已经成为企业的重要资产。然而，由于缺乏标准化的计量工具，数据资产的价值评估一直是个难题。为了促进数据资产的流动性，中关村数海数据资产评估中心应运而生。该中心自 2015 年 7 月成立以来，积极联合各地政府及企事业单位，签署战略合作协议，推动我国大数据的流通，为多家政府机构和企业进行数据资产的登记确权和评估。

2016 年 4 月 28 日，在"全球首个数据资产评估模型发布暨中关村数据资产双创平台成立仪式"上，贵阳银行为贵州东方世纪发放了金额 100 万元的"数据贷"。这是国内首笔将数据资产作为质押品的贷款。

贵阳银行在发放"数据贷"的过程中，建立了严格的"数据质押"风控体系。首先，对企业的数据资产进行全面的尽职调查，评估其真实性、合法性、价值等；其次，与企业签订数据质押协议，明确双方的权利义务；再次，对数据资产进行定期监测，确保其价值不会大幅下降；最后，在贷款期限内，企业不得擅自处置质押的数据资产。通过这一系列的风控措施，贵阳银行确保了"数据贷"业务的合法合规性。

贵阳银行在探索"数据贷"业务的过程中，不仅要关注数据资产的价值评估和风险控制，更要高度重视数据治理和防范数据泄露风险。数据作为一种新型生产要素，其安全与隐私保护至关重要。如果在"数据贷"业务中出现数据泄露事故，不仅会给企业和个人隐私带来严重威胁，也将影响社会公众对数据资产化的信任和接受度，进而阻碍数据要素市场的健康发展。

因此，贵阳银行在建立"数据质押"风控体系的同时，还织牢数据安全防护网。首先，银行严格审核数据资产的来源合法性，确保只接受企业合法合规采集和使用的数据，坚决杜绝侵犯个人隐私、商业秘密的数据资产进入质押范围。其次，银行建立健全数据分级分类、脱敏加密等技术手段，根据数据的敏感程度采取差异化的管理措施，并严格控制数据资产的访问权限，全力保障质押数据资产的机密性和完整性。

11.4 数据助力精准服务

在当今社会，数据和技术的融合正在重塑我们对治理和决策的理解，智能化治理正逐渐成为提高决策效率、优化管理流程的关键驱动力。这种转变不仅标志着从传统人工决策向数据驱动决策的演进，也预示着在复杂的治理环境中，对速度、准确性和效率要求的根本提升。

为优质服务按下“快进键”

在探讨智能化治理如何提升治理效率的多维度视角中，自动化流程与规则优化占据了至关重要的地位。这一视角不仅关注于技术的实际应用，而且深入挖掘了自动化如何根本改变治理模式、提高决策速度和质量以及优化管理流程的底层逻辑。

自动化流程，简言之，是指使用信息技术和软件工具来执行原本需要人工参与的工作流程。这些流程可能包括数据收集、处理、分析，以及基于这些数据的决策执行。自动化的目的在于减少重复性工作的人力需求、降低错误率、提高处理速度和质量。在治理领域，这意味着能够更快速有效地响应公众需求、处理大量的数据和信息，以及执行复杂的决策过程。

自动化流程之所以能在智能化治理中发挥如此重要的作用，根源在于其对效率和精确度的双重提升。通过自动化技术，治理机构可以将人力资源从烦琐且重复的任务中解放出来，转而专注于需要专业判断和创新思维的领域。这种资源的重新配置，不仅提高了工作效率，还提高了治理决策的质量和创新能力。

举例来说，电子政务服务平台的引入和应用就是自动化流程优化治理效率的典型案例之一。这些平台通过在线服务的形式，实现了许多政府服务的自动化处理，如税务申报、许可证申请、社会福利申领等。公民可以通过互联网提交必要的文件和信息，而后台的自动化系统则能够快速处理这些请求，进行必要的审批，并给出响应。这种服务模式不仅极大缩短了处理时间，提高了工作效率，还提升了公众对政府服务的满意度。

在自动化流程的设计和实施中，规则的优化同样发挥了关键作用。规则优化涉及对现有治理流程和决策逻辑的重新评估和调整，以确保自动化系统能够准确、高效地执行其任务。这通常需要跨学科的知识和技能，包括数据科学、法律、管理学等，以确保自动化规则既符合法律法规，又能有效地解决实际问题。通过规则优化，自动化流程不仅能够提升效率，还能够确保决策的公正性和透明度，进一步增强公众对智能化治理的信任。

案例 11－4　巴渝数智：智慧停车提升群众幸福感

近年来，重庆市巴南区委、区政府按照全面推动数据要素市场化的安排部署，抢抓数字经济发展机遇，推动数据要素化和产业化发展。巴渝数智公司作为西部地区数字经济发展的重要力量，联合巴洲产发集团、浙江数字医疗卫生技术研究院（以下简称浙江数研院），共同打造了西部首批智慧停车数据资产入表范例。

在推进智慧停车数据资产入表的过程中，巴渝数智公司也高度重视数据治理工作，将其作为保障数据资产质量和价值的关键举措。

首先，巴渝数智公司建立了完善的数据治理体系。公司成立了由总经理担任组长的数据治理委员会，全面协调推进数据规划、标准、安全和价值管理等各项工作。在此基础上，制定了全面系统的数据治理制度，明确了数据采集、存储、共享、使用等环节的原则、流程和责任，为智慧停车数据资产的全生命周期管理提供了制度遵循。

其次，巴渝数智公司注重数据质量管理。公司建立了严格的数据质量控制机制，从数据源头采集到数据加工处理、再到数据应用服务，全流程把关数据质量。通过数据清洗、数据去重、数据校验等处理，提升了智慧停车数据资产的准确性、完整性和一致性。同时，公司定期开展数据质量审核，及时发现和修正数据缺陷，确保入表数据资产的“含金量”。

再次，巴渝数智公司加强数据安全防护。针对智慧停车数据资产，公司采取了以数据分级分类、脱敏加密为核心的安全防护体系。根据数据的敏感程度，实行差异化的管控措施，并严格限制敏感数据的访问权限。同时，公司积极运用区块链、隐私计算等技术手段，在确保原始数据不出库的前提下，实现数据价值的安全开发利用。

最后，巴渝数智公司还积极利用数据资产赋能精准服务。基于智慧停车数据，公司聚焦车主、商户等主体的核心需求，开发了车场价值评估、商圈客流分析等数据产品，实现了数据价值向服务价值的转化。比如，通过分析车场周边的停车需求、消费水平等，为商户选址、定价提供精准参考；再如，基于对车流量、停车时长的分析，为城市交通优化、路网规划提供大数据支撑。这些数据服务的持续迭代，不仅盘活了沉淀的数据资产，也极大提升了各类主体的获得感和满意度。

第 12 章

数据共治：打造多元参与的治理生态

目前，集中式的管理难以高效应对爆炸式增长的数据需求，割裂的数据孤岛更是阻碍了数据价值的充分释放。数据共治理念的提出，标志着一场深刻变革的启幕。它以利益相关者协同参与为旗帜，以公平包容的治理结构为根基，汇聚政企民多方力量，在“共商、共建、共享”中构筑起信任与合作的桥梁。

12.1 塑造多方协同的治理新格局

数据共治，作为一种多元参与的治理模式，这种模式的核心在于认识到数据治理不应仅仅是政府的责任，而是需要社会各界共同努力。通过多方的协作，可以更好地平衡个人隐私保护、数据安全与数据价值的挖掘与利用之间的关系，进而推动社会的整体进步。

政府从“掌舵者”到“引导者”

在探讨多方协同的数据治理框架时，政府的角色与责任尤为关键。政府不仅是策略制定者，引导数据共治的方向和目标，同时也是监管者与协调者，确保数据治理遵循既定的法律法规和伦理标准。此外，政府还承担着通过公共数据的开放与共享，促进社会创新和经济发展的重要职责。

政府在策略制定中的作用不可小觑。通过制定全局性的策略和法规，政府为数据共治提供了基本的框架和指导原则。这些策略和法规不仅需要涵盖数据的收集、存储、处理、共享和销毁等各个环节，还要考虑到数据治理中可能涉及的伦理、法律和社会问题。为了制定有效的策略，政府需要深入理解数据的特性和价值，同时也要考虑到技术发展的快速变化，确保策略的前瞻性和适应性。

作为监管者与协调者，政府的任务是建立一个既能保护个人隐私和数据安全，又能促进数据开放共享的治理环境。在这个过程中，政府需要平衡好创新与监管之间的关系，避免过度监管抑制数据的价值创造，同时也要防止监管不足导致数据滥用和隐私侵犯。此外，政府还需要在不同利益相关者之间进行有效协调，解决数据共治过程中可能出现的冲突和矛盾，确保数据治理活动能够顺利进行。

公共数据的开放与共享是政府推动数据共治的又一重要职责。通过开放政府数据，可以激发社会创新和经济活力，为企业和研究机构提供宝贵的资源，帮助他们开发新的服务和产品。然而，公共数据的开放也带来了数据安全和隐私保护的挑战。政府需要在开放数据的同时，建立严格的数据管理和保护机制，确保数据的安全和公民的隐私不受侵犯。此外，公共数据的开放还需要政府建立起有效的反馈和沟通机制，收集社会各界对开放数据的需求和意见，不断调整和优化开放策略。

企业创新驱动下的责任担当

在当今数字经济的时代，企业不仅是数据产生和消费的主体，也逐渐成为数据共治框架中的关键参与者。他们在推动数据资产化进程、保护数据隐私和安全以及促进数据伦理实践方面扮演着日益重要的角色。企业如何有效参与到数据共治中，不仅影响着其自身的可持续发展，也关系到整个社会数据治理体系的健康和效能。

企业作为创新的驱动力，其在数据共治中的角色超越了传统的数据处理和利用。在数字化浪潮下，企业通过技术创新，如人工智能、大数据分析等，开辟了数据应用的新领域，为社会提供了更加丰富、精准的服务和解决方案。同时，企业之间的合作模式也在发生根本性的变化。通过建立数据共享协议，不同企业能够在保证数据安全和隐私的前提下共享数据资源，这不仅促进了行业内的协同创新，也为跨行业合作提供了可能。

然而，企业在享受数据带来的利益的同时，也必须面对由此产生的伦理责任和法律义务。数据处理过程中涉及的隐私保护、数据安全、反歧视等问题，要求企业不仅要遵循外部的法律法规，更要内化为企业文化和操作规范的一部分。这意味着，企业需要建立起一套全面的数据伦理框架，不仅在技术层面确保数据的安全和隐私，也要在决策和业务操作层面反映对数据伦理的尊重和承诺。例如，当企业利用用户数据开展商业活动时，应该明确告知用户数据的使用目的、方式和范围，确保用户有充分的知情权和选择权。

在企业间的数据共治模式方面，除了技术和伦理的考虑，企业之间建立互信也至关重要。这种互信基础不仅来源于明确的合作协议和法律约束，更依赖于企业之间长期的合作历史和文化的积累。因此，企业在构建数据共治框架时，需要通过透明的操作、公平的数据共享机制和有效的争议解决机制，逐步建立和巩固相互间的信任。同时，企业还应该积极参与到行业标准的制定中，通过共同制定数据治理的规范和标准，不仅有助于提高行业内的数据治理水平，也能够促进行业外的信任和合作。

■ 公众多元参与拓展治理新疆域

在多元参与的数据共治框架中，民间和社会组织扮演着不可或缺的角色。这些组织不仅作为政府与公众之间的桥梁，还为数据治理提供了必要的监督、评估和反馈机制。通过深入探讨社会参与的机制设计、增强数据治理透明度和问责机制，以及推动公民数据权利和数据文化的发展，我们可以更全面地理解民间与社会组织在数据共治中的作用。

首先，社会参与的机制设计是确保民间和社会组织有效参与数据共治的基础。在这个过程中，需要构建一个既开放又包容的平台，让公众能够参与到数据治理的决策过程中。这种参与不仅限于政策制定的咨询阶段，还应包括政策执行和监督的全过程。例如，可以通过线上公众咨询、社会听证会以及工作坊等形式，收集公众对于数据治理的看法和建议。这种做法不仅能够提高政策的透明度和公众的接受度，还能够利用民众的智慧为数据治理提供更多创新的思路和解决方案。

其次，增强数据治理的透明度和问责机制对于建立公众信任至关重要。在这方面，民间和社会组织可以通过定期发布数据治理报告、举办公开讨论会以及建立数据治理观察平台等方式，提高数据治理过程的透明度。这些活动不仅可以帮助公众了解数据治理的最新进展和成效，还可以为公众提供监督政府和企业数据行为的渠道。此外，建立健全的投诉和纠纷解决机制也是提升问责机制的关键。通过这些机制，公众可以对数据治理过程中的不公行为进行投诉和申诉，从而确保其合法权益得到有效维护。

最后，推动公民数据权利和数据文化的发展是民间和社会组织不可忽视的责任。在数字时代，数据权利已经成为公民基本权利的重要组成部分，包括数据访问权、数据知情权和数据隐私权等。为了保护这些权利，民间和社会组织需要通过教育和宣传活动，提高公众对自身数据权利的认识和保护能力。此外，培育积极健康的数据文化也是推动数据共治的重要方面。这包括推广数据伦理观念、倡导负责任的数据使用和分享行为，以及鼓励公众参与到数据治理的公共讨论中。通过这些努力，可以逐步形成一个既重视数据价值，又注重数据伦理和公民权利保护的社会环境。

12.2 汇聚共治动力之源

正如前面所阐述的，数据共治的核心在于强调多元主体的参与，它涵盖政府、企业、非营利组织和公众等各方的共同努力，以实现数据治理的目标。这种治理模式的价值主要体现在促进治理过程的开放性、透明度和责任性，确保数据治理既能促进经济社会的发展，又能有效保护数据主体的权益，平衡各方面的利益和需求。

■ 跨部门协同的双赢共识

跨部门协作是实现数据共治目标的重要途径之一。它要求不同部门和机构之间建立起有效的沟通和协调机制，共同参与到数据治理的全过程。这种合作不仅能够整合各方资源，提高数据治理的整体效率和效果，还能够确保数据治理决策的公正性和透明度，增强公众对数据治理过程的信任。

欧盟 GDPR 自 2018 年 5 月生效以来，已成为全球数据保护领域的标杆。GDPR 之所以能够成功实施，并在全球范围内产生深远影响，其背后复杂而高效的跨部门协作机制功不可没。GDPR 的底层逻辑在于通过建立一个统一而高标准的数据保护框架，增强个人隐私权的保护，并促进欧盟内部的数据流动。这一目标的实现，需要各成员国之间以及公私部门之间建立起高效的沟通、协调和合作机制。

在 GDPR 的实施过程中，欧盟委员会、欧洲数据保护委员会（EDPB）、各成员国的国家数据保护机构（DPA）等多个机构扮演了至关重要的角色。他们之间的紧密协作体现在多个方面：首先，共同制定和更新指导文件，以确保 GDPR 的规定能够被各方正确理解和执行；其次，协调解释法规，处理跨境数据处理案件，以确保法律在不同国家和地区得到一致的应用；最后，公私合作也是 GDPR 成功实施的关键，欧盟通过与企业的合作，确保了 GDPR 的规定能够在私营部门得到有效执行。

GDPR 实施背后的成功要素多种多样，但最核心的几点包括强有力的立法前瞻性、高效的跨部门协调机制、全面的公众教育和意识提升活动，以及技术创新的支持。这些因素共同作用，不仅确保了 GDPR 在欧盟内部得到有效执行，也促使全球范围内的企业和组织提升了对数据保护的重视，从而推动了全球数据治理标准的提升。

通过深入分析 GDPR 的跨部门协作机制，我们可以得到几个重要的启示：首先，有效的数据共治需要建立在全面而坚实的法律基础之上，这为数据治理提供了明确的规则和指导；其次，跨部门协作的成功依赖于各参与方之间的密切沟通和协调，这要求建立起有效的机制来促进信息共享和决策一致；最后，公众教育和意识提升同样重要，它们能够增强公众对数据保护重要性的认识，从而在社会层面上形成对数据共治的支持和推动力。这些启示对于其他国家和地区推进数据共治实践具有重要的参考价值。

■ 公众广泛参与的良性生态

在探讨数据共治的多元模式中，社会参与的共治模式显得尤为关键。它强调的是公众、社会组织以及非政府机构在数据治理中的积极作用，以及如何通过这些多样化的力量来促进数据治理的民主化和高效化。在这一视角下，新加坡的 Smart Nation 计划提供了一个生动的案例，展示了如何通过社会广泛参与来实现数据共治，推动社会和技术的共同进步。

新加坡的 Smart Nation 倡议旨在利用数字技术和数据来提升国民的生活质量，增强经济竞争力和社会凝聚力。这一宏伟计划的背后，是一个深思熟虑的社会参与共治模式。这个模式不仅仅依赖于政府的推动，更重要的是它激发了整个社会的参与热情，包括公民、企业和学术界。通过这种广泛的社会参与，新加坡旨在打造一个更加开放、包容和创新的数据治理生态。

社会参与的共治模式的底层逻辑，在于认识到数据不仅是政府或企业的资产，更是社会的共同财富。每一个社会成员都是数据的生产者、用户和受益者。因此，每个人都应该有权参与到数据的治理过程中，对数据的收集、使用和保护等关键决策发表意见。这种模式强调的是共治而非单方治理，目的是通过多方的参与和合作，确保数据治理的透明度、公正性和效率。

实施这一模式的过程中，新加坡政府采取了一系列措施来鼓励和促进社会参与。首先，政府通过公开数据和提供数据共享平台，降低了公众参与数据治理的门槛。这些平台不仅使数据变得更加可获取，更为公众提供了一个展示和应用数据的场所，从而激发了公民和企业利用数据创新的热情。其次，政府通过举办数据驱动的创新竞赛和活动，进一步激发了社会各界对数据应用的兴趣和想象力。这些活动不仅促进了社会对数据的深入理解，也为解决社会问题提供了新的视角和解决方案。最后，新加坡政府还非常注重与社会各界的对话和反馈，定期举行公开论坛和研讨会，收集公众对数据治理政策的意见和建议，确保政策的制定和执行能够真正反映社会的需要和期待。

新加坡 Smart Nation 计划的成功，展示了社会参与共治模式的巨大潜力。通过这种模式，不仅增强了数据治理的民主性和透明度，也促进了社会创新和经济发展。公民和社会组织成为数据治理的积极参与者，他们的智慧和创造力被充分利用，为解决社会问题和推动社会进步贡献了力量。

■ 公私合作关系的全新探索

在公私合作（PPP）模式下，政府与私营部门的合作不仅仅是为了共同的经济利益，更重要的是实现公共利益的最大化，特别是在数据管理和利用方面。一个典型的例子是美国政府与大型科技公司合作的数据协作计划。

美国政府与包括谷歌、微软在内的科技巨头之间的合作，提供了一个成功的公私合作共治模型。这种合作模式旨在通过共享数据资源、技术和专业知识，提高政府服务的效率和效果，同时促进社会问题的解决和技术创新的发展。

这种合作的底层逻辑基于一个共识：在数字化社会中，政府和私营部门拥有的数据资源和技术能力，如果能够有效整合，将极大地促进社会公共利益的实现。政府拥有大量社会、经济和环境等领域的数据，而私营部门特别是科技公司则掌握先进的数据处理技术和算法。通过合作，双方可以实现资源的互补，共同解决公共问题，如提高城市管理效率、改善公共卫生系统、促进环境保护等。

这种公私合作模型的实施过程涉及多个阶段。首先，双方需要建立互信和共识，明确合作的目标和原则。其次，双方共同制定合作框架，包括数据共享的范围、使用方式、安全和隐私保护措施等。在执行阶段，需要建立有效的协调机制，确保项目按计划推进，并定期评估合作成效，根据反馈进行调整。

美国政府与科技企业合作的成功要素包括明确的合作目标、强大的政策支持、高度的透明度和公众参与，以及对数据隐私和安全的严格保护。此外，持续的技术创新和灵活的合作机制也是成功的关键。

12.3 共治理念的实践图景

传统的以政府或单一实体为中心的数据管理模式已逐渐显示出其局限性，特别是在处理跨境数据流、保护数据隐私、促进数据共享等方面。在这样的背景下，数据共治模式应运而生，被视为解决上述问题的一种有效途径。

从数据所有到数据共治的思维转变

数据共治的核心在于其“共”字，这里不仅仅是指共享数据，更重要的是共同参与、共同管理和共同承担责任。这一概念的提出，本质上是对现代社会数据管理需求的一种响应，旨在通过多方利益相关者的合作，实现数据资源的高效利用和合理管理，同时保障数据隐私和安全。在数据共治的框架下，政府、企业、非政府组织以及公众等不同主体都扮演着重要的角色，共同形成了数据治理的多元参与结构。

数据共治模式的实施，首先需要建立在对数据价值共识的基础上。这意味着所有参与方都认可数据作为一种重要资产的价值，并愿意在保护个人隐私和数据安全的前提下，推动数据的合理流动和有效利用。在这个过程中，确立公平、公正、透明的原则至关重要。只有当所有参与者都认为共治过程是公平的，才能建立起相互信任，促进更广泛的数据共享和合作。

然而，要实现这一目标，并非易事。数据共治需要一套完善的法律法规体系作为支撑，同时也需要技术的支持来确保数据的安全和高效管理。从法律法规的角度看，不同国家和地区在数据保护、隐私权以及跨境数据流动方面的法律差异，使构建一个统一的数据共治框架变得复杂。此外，数据共治还需要解决数据标准不统一、技术接口不兼容等技术问题，这些问题的解决又依赖于国际的合作和标准化工作的推进。

在构建数据共治的框架时，还必须考虑到各方的利益平衡。在多元参与的背景下，如何处理好政府、企业以及公众等不同主体之间的利益冲突，是共治成功的关键。这不仅需要制定出公平合理的规则和机制，还需要通过透明的决策过程和有效的沟通渠道，增强各方的参与感和归属感。此外，数据共治还要面对技术快速发展带来的挑战。新兴技术（如人工智能、区块链等）既为数据共治提供了新的可能性，也带来了新的管理和伦理问题，如何在促进技术创新的同时确保数据共治的原则得到遵守，是未来发展中必须解决的问题。

第四部分 应用舞台（实践篇）

在数字时代的浪潮中，应用的力量正以前所未有的广度和深度重塑着我们的经济形态和社会体系。数据这一最宝贵的资源禀赋，正通过深度开发和广泛应用迸发出改变世界的磅礴伟力。数据资产化推动产业变革、赋能服务管理的恢宏全局，为构建数据驱动的智能经济和智慧社会提供了路径指引。

这场以数据为核心要素的应用革命绝非局部的技术迭代，而是生产力和生产关系的深刻重塑。它体现了人类认知世界、改造世界能力的飞跃，预示着经济形态、社会形态、文明形态的深刻演进。正如蒸汽机、电力分别推动了社会生产力的解放，数据正推动生产要素朝着全面数字化、网络化、智能化的方向加速迈进，让资源配置更趋合理，让创新驱动更加深入，为人类文明发展注入澎湃动力。

观大势、谋大局，方能引领未来。“应用为王”的时代呼唤着制度规则、技术工具、商业模式的同频共振，呼唤着政府、企业、社会的协同共创。推动数据要素市场化配置改革，既要遵循市场经济一般规律，又要立足数据要素的特殊属性，在促进流通与保护隐私间寻求平衡。这就要求我们在局部与整体间把握尺度，在效率与公平中权衡有度，以改革创新破除数据应用“堵点”，以制度供给撬动价值转化“支点”。

第13章

创新驱动：数据激发产业变革

在数字时代的浪潮中，创新正以前所未有的广度和深度重构着经济社会的方方面面。数据，正是这场创新革命的核心驱动力。如何通过数据资产化盘活创新资源，用数据之光点亮产业变革之路，已成为新时代推动高质量发展的关键命题。

13.1 “智”造未来：大数据重塑制造业新图景

在数字化浪潮中，数据不仅仅是技术的升级，更是制造业革新的引擎。智能制造，作为未来的制造业新典范，正处在从概念走向实践的关键时刻。它依托数据的力量，将传统的生产方式转变为更加灵活、高效、个性化的智能生产模式。这一转型不仅仅是生产力的飞跃，更是对生产关系的深刻重塑。

智能制造：离不开数据资产化的“压舱石”

在当前的形势下，将数据要素与实体经济深度融合，既是推动制造业数字化、网络化、智能化转型的必由之路，也是我国建设制造强国、实现高质量发展的战略选择。其中，智能制造作为先进制造业和信息技术深度融合的集中体现，已成为两化融合的制高点。

智能制造的本质，是以数据驱动为核心，通过机器替代和人机协同，推动制造业向自动化、数字化、网络化、智能化方向发展。这一过程，以海量制造数据的汇聚共享为基础，以数据挖掘分析和数字孪生为手段，以资源配置最优化和生产过程智能化为目标，最终实现制造流程的持续优化和制造模式的迭代升级。制造业数字化转型，说到底就是制造要素的全面数据化、制造全流程的数据驱动、制造生态的数据协同。而激活这一系列变革的钥匙，正是制造业数据资产化。

从宏观视角来看，制造业数据资产化是建设制造强国、塑造国际竞争新优势的战略举措。通过从设计、工艺、装备、管理等环节采集和汇聚海量制造数据，并运用大数据分析、人工智能等新技术予以分析挖掘，就可以多维度刻画产业发展态势，精准研判产业发展趋势，为产业政策制定、布局优化提供科学依据。比如，德国“工业4.0”战略，就是依托工业大数据分析，对汽车、机械装备等优势产业进行前瞻部署，引导企业向智能制造、服务型制造转型。再如，通过对制造业专利、论文等创新数据的深度分析，可精准刻画我国制造业创新图谱，识别短板领域和“卡脖子”环节，为下一步创新攻关指明方向。

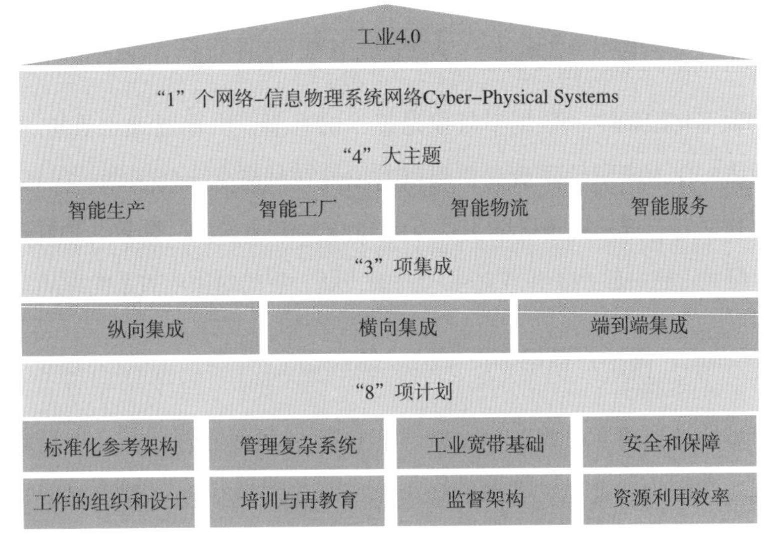

图 13－1　德国“工业 4.0”战略体系架构

资料来源：渤海证券《工业互联网行业双周报：工业互联网推进制造业转型升级势在必行》

从中观层面来看，制造业数据资产化正成为驱动企业数字化转型、培育发展新动能的“新引擎”。制造企业在设计、生产、管理、服务等环节积累了海量的结构化、非结构化数据，蕴含着提质增效的丰富价值维度。通过数据采集、治理、分析、应用等数据价值链的系统性构建，制造数据才能真正“动”起来、“活”起来。一方面，制造全流程数据的打通共享，让企业各环节间的数据壁垒被打破，形成设计仿真、生产控制、运营优化的数据闭环，从而实现研发、制造、管理、服务等流程的持续改进。另一方面，制造数据与商业数据的融合创新，催生出大规模个性化定制、远程运维等新业态新模式，推动企业加速向服务型制造转变。

从微观视角来看，制造业数据资产化正重塑着企业内部运行的“新秩序”。一台设备、一道工序、一个车间都在源源不断地产生各类数据，如何让数据真正成为优化决策、精准管控的“生产力”，是智能制造的题中应有之义。设备层面，通过传感器实时采集设备运行参数，再通过边缘计算、机器学习等技术手段进行分析，可精准预测设备故障，实现预测性维护，将非计划停机时间降至最低。工艺环节，生产过程参数与质量检测数据的关联分析，可揭示工艺参数与产品质量的内在联系，形成最佳工艺配方，实现质量管理的提档升级。

案例13－1 五疆发展：云上闪耀的智慧工厂

2024年1月，全国首单工业互联网数据资产化案例在浙江省桐乡市落地。作为桐乡市数据资本化先行先试企业，浙江五疆科技发展有限公司（以下简称五疆发展）已完成数据资源入表准备，并正式启动入表工作。

五疆发展是一家致力于为数字政府、数字社会、数字经济高质量发展提供优化解决方案、基础软件、智慧应用与数据服务的高科技公司。作为5G＋工业互联网的践行者，五疆发展在此次试点中形成了“化纤制造质量分析数据资产”。该数据资产通过感知和汇聚工艺现场的生产数据，经数据清洗和加工后，形成高质量的数据资源。通过数据融通模型进行计算和分析，能够实时反馈并调控生产线的相关参数，实现对产品线关键质量指标的实时监控，并对化纤生产过程的整体质量水平进行实时评级。这不仅提升了化纤产品的质量，还增强了企业的质量管理能力，提高了经营效益。

在桐乡市乌镇数据要素产业园建设领导小组的组织下，浙江大数据交易中心、浙江中企华资产评估有限公司、城云科技（中国）有限公司、数字扁担（浙江）科技有限公司、浙江天册律师事务所组成联盟，为五疆发展的数据资源入表和数据产品定价提供服务。

（1）数据资源盘点与梳理。联盟专家对五疆发展用于提升工业企业智能制造能力方面的数据资源进行了全面分析，协助完成了聚酯、纺丝与检验等生产阶段的设备运行状态、工序关键参数、原材料的质量状况、过程成品检验数据、工人操作记录等多个维度的数据梳理，为数据资产化奠定基础。

（2）数据资产成本归集。联盟专家根据五疆发展的实际情况，形成了数据资产相关的成本归集原则，为数据资产入表提供了量化依据。

（3）数据资产入表确认。根据财政部《企业数据资源相关会计处理暂行规定》的要求，联盟专家确定了五疆发展可入表的数据资源范围，为数据资产入表提供了政策遵循。

（4）数据产品开发规范。联盟专家为五疆发展提供了数据产品服务设计开发规范化建议，组织法律、技术、安全、行业应用等领域专家进行论证评估，确保数据产品开发的规范性和可行性。

（5）数据交易平台挂牌。通过确认交易主体准入资质、确认数据用途合法及使用限制合规，联盟专家完成了数据存证登记，并上架挂牌至浙江大数据交易服务平台，为数据资产交易提供了市场渠道。

（6）数据产品定价机制。为助力五疆发展实现数据产品定价全链路发展目标，联盟专家梳理合理成本和期望收益作为定价的基本依据，量化数据产品给客户带来的增量收益并区分数据资产的贡献价值作为主要依据，为五疆发展探索并制定灵活有效的数据产品“估值、定价、交易”一体化协同路径提供参考。

五疆发展工业互联网数据资产化的实践路径，为其他工业企业开展数据资产化提供了可复制、可推广的范例。通过政府引导、企业主体、第三方专业机构参与的模式，五疆发展破解了工业数据资产化的难题，探索出了一套行之有效的工业数据资产化方法论。

此前，五疆发展的“化纤制造质量分析数据服务”系统在其主要客户新凤鸣集团股份有限公司应用后，取得了显著成效。据新凤鸣集团股份有限公司质量中心主任钱朋超介绍，使用该系统后，公司的数据要素驱动的品控体系日臻完善，质量管理效率和管理水平持续提升，吨质量成本年下降约6.81%，客诉率年下降约35.72%。五疆发展的数据资产年度贡献价值已达数千万元。

五疆发展工业互联网数据资产化的成功实践，是工业企业数字化转型的生动缩影，是工业数据要素市场化配置的有益探索，对于加快工业互联网创新发展，推动制造业高质量发展具有重要意义。

夯实智能制造发展新基石

智能制造是以新一代信息技术与制造业深度融合为主线，以数据驱动为核心，推动制造业向数字化、网络化、智能化转型的新模式、新业态。党的二十大报告提出，加快建设制造强国，推动制造业高端化、智能化、绿色化发展。当前，我国正处于新型工业化的关键阶段，智能制造体现出从概念走向实践、从探索走向落地的良好态势。但也要看到，我国智能制造整体还处于起步阶段，在技术、人才、基础设施等方面还存在诸多短板，与世界先进水平相比还有较大差距。

培育壮大工业互联网平台是关键。工业互联网平台是汇聚各类制造资源、支撑各类智能应用、创造各类创新价值的关键载体。近年来，我国工业互联网发展驶入快车道，在数字化设计、智能化生产、网络化协同、个性化定制等方面涌现出一批创新实践。但总体来看，多数平台还是以设备连接、数据采集为主，在海量异构数据的汇聚共享、深度挖掘等方面还有待加强，平台创新应用生态还不够健全。下一步，要加快新型基础设施建设，加强 5G、IPv6、工业以太网等网络建设改造，夯实平台发展的数字底座。支持平台骨干企业加大研发投入，在工业大数据分析、知识图谱构建等方面加强攻关，提升平台智能化水平。鼓励平台企业强化与各领域龙头企业、科研院所的战略合作，打造面向特定行业和区域的工业互联网平台，促进产业链各环节数据打通，提升协同创新水平。

强化制造业数据要素市场化配置是重点。数据要素市场化配置，是深化“放管服”改革，激发市场主体活力，推动制造业数据这一新型生产要素充分流动和优化配置的重要举措。当前，我国制造业数据确权、定价、交易等要素市场规则还不健全，数据价值向现实生产力转化的通道还不够通畅。未来，要加快建立制造数据产权保护制度，明晰企业、个人、政府等各方主体的数据权属边界。探索建立制造数据资产登记结算平台，为各类市场主体提供大数据交易、分析挖掘、创新应用等服务。培育一批掌握数据治理、价值评估等专业能力的第三方服务机构，为制造业数据资产化插上腾飞的翅膀。同时，还要强化制造业数据流通安全管控，加快数据分级分类、脱敏脱标等数据安全技术产业化应用，为数据安全流通创造良好环境。

打造制造业数字化转型新生态是支撑。智能制造是一项复杂的系统工程，需要企业、高校、科研机构、金融机构、中介服务等各类主体通力合作，共塑发展新业态、新模式。当前，我国智能制造产业生态总体还不够成熟，大中小企业融通发展还不充分，金融支持、人才培养等配套保障仍显薄弱。未来，要完善智能制造产业政策体系，加大财政资金引导和税收优惠，鼓励社会资本设立智能制造产业投资基金。支持制造业企业与科研院所共建联合实验室，加快共性技术、前沿技术研发和产业化应用。鼓励金融机构创新供应链金融、知识产权质押贷款等金融产品，拓宽中小企业融资渠道。加快制造业数字化人才培养，推广新工科、新工艺人才培养模式，建设一支懂技术、善融合、会创新的复合型人才队伍。

13.2 精准农业的革命

当前，全球正面临着严峻的食品安全挑战和气候变化影响，数据资产化已经成为推动农业技术进步、提高农业生产效率、实现农业可持续发展的重要驱动力，并且可以大幅提升农业生产的精准度和效率，同时降低环境影响，促进农业的持续发展。

数字三农：DOD 模式下的精准“滴灌”

在21世纪的农业革新浪潮中，数据资产化已成为推动农业和乡村振兴的核心动力。随着数字技术的飞速发展，如何有效利用海量数据资源，激活数据的潜能，成为实现农业生产数智化、提高农业综合竞争力的关键。如何激活？怎么激活？切入点在哪里？这成为摆在行业面前的重大课题。经过充分的调研和论证，研究并实践出一套在数字乡村大领域下可推广、可长效运营的 DOD 模式（Data – Oriented Development），即以数据要素增值为导向的数字乡村建运一体模式。

DOD 模式是以网络强国思想为引领，在数字乡村与数据要素双重战略背景下提出的，以充分激活乡村数据要素价值为导向，采取政府引导、社会参与、建运一体的形式，通过政府数据运营权委托、业务场景开放等方式，开展乡村数据要素市场化运营，通过数据采集、治理、登记、评估、交易等，聚焦数据服务决策、数据赋能产业、数据链接金融等场景，实现从数据到数据资源、再到数据资产的转变，将数据要素增值作为数字乡村建设、运营的内生动力，是一种创新的项目组织实施方式。

其特点可以涵盖为“一套模型、两类项目、三种收益、N 个链接”。一套模型是指一套农业数据要素运营收益模型，两类项目是 DOD 模式下可以有专项债和建运一体两种项目落地方式，三种收益是包含产业收益、数据运营收益、平台运营收益，N 个链接是通过该模式激活数据要素能够实现包括农业产业、数据产业、金融产业等多个主体的打通和链接。

1. 一套模型

如图 13－2 所示，相对于传统的项目建设运营模式，该模式补充增设了数据要素运营中心，主导建设和运营阶段产生的数据要素的运营。政府将项目产生的数据资源运营权授权给数据要素运营中心，向数据要素运营中心开放数据运营场景。数据要素运营中心开展各类数据运营市场化活动，整合相关的运营生态体系，面向农业产业链企业、大数据企业、数据交易所、金融机构、农产品交易平台等实现数据资产、产业、平台（应用）运营收益，反哺数据要素运营中心的运营，向政府提供税收、数据资产运营分成，聚合产业生态，提升数字经济产业规模。政府集中财政、专项债等资金资源，以及数据要素运营收益，结合社会资本，聚焦赋能农业产业发展，通过农业产业互联网平台提升产业智慧化、数字化能力，实现产业高质量发展。产业持续发展产生的数据资源进一步进入数据要素运营收益场景，实现农业要素收益与赋能产业的总体闭环。

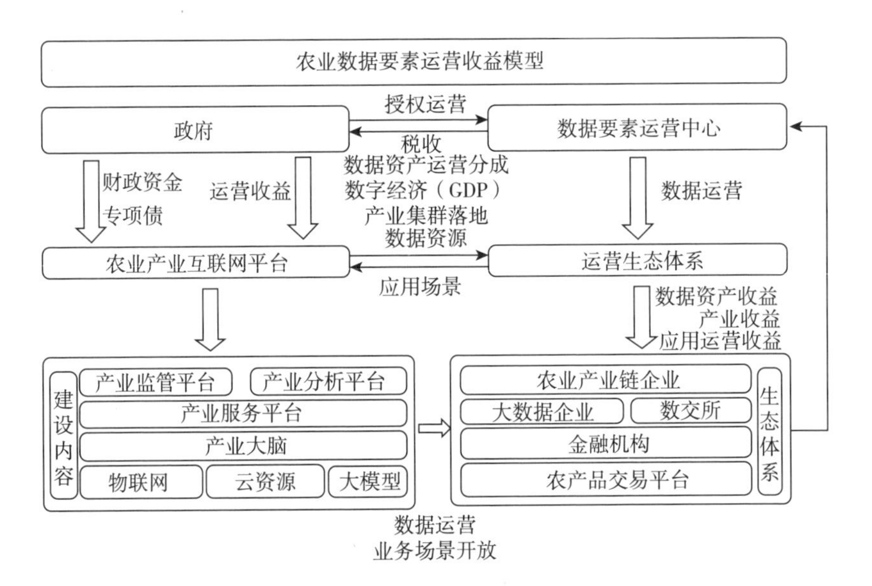

图 13－2　农业数据要素收益模型

2. 两类项目

作为两类项目的落地方式，专项债项目和建运一体项目在数据要素增值的本质上并非实质性差异，仅是项目资金出资来源略有不同，均是通过项目可行性研究着重强调数据要素运营收益还款测算。按照专项债券的相关管理规则，参考《财政部关于支持做好地方政府专项债券发行使用管理工作的通知》（财预〔2018〕161号），以及各地方对专项债券使用范围和项目支持力度，以及专项债项目评审入库、项目储备等要求，要求申报的专项债券项目应当能够产生持续稳定的反映为政府性基金收入或专项收入的现金流收入（含政府性基金补贴收入），且专项债券项目生命周期内现金流收入应当能够完全覆盖专项债券还本付息规模，确保专项债券项目不发生违约风险。表13-1所示为传统模式和DOD模式的综合对比。

表13-1 传统模式和DOD模式的对比

对比项	传统模式	DOD模式
核心要素	以土地、资本为核心生产要素	以数据、技术为核心生产要素
模式性质	有限性	可持续性
主要特征	政府投资为主的乡村振兴领域基础设施、平台及应用建设	政府主导，社会参与，围绕乡村振兴领域共同构建的、具备持续造血能力的产业生态
主要资金来源	财政资金	财政资金+社会资金+收益资金
建运模式	建运分离为主	建运一体
运营属性	弱	强
社会参与度	弱	强
收益能力	弱	强
收益来源	空间运营、税收	空间运营、产业运营、数据服务、数据资产化、数据金融化、数字产业税收

3. 三种收益

DOD 模式的收益最终也是为了服务产业发展，收益分为三种方式。产业收益是项目本应达成的收益。数据运营收益包括：（1）数据交易收益，将项目建设、运营过程中产生的数据资源识别出数据资产，经过数据资产合规认定、质量评价、认定登记、价值与价格评价等系列工作，形成数据资产评估报告，进而通过数据交易所实现数据产品的交易流通收益；（2）数据服务及产品收益，通过数字基础设施建设，将数据资源转化为数据服务或产品，以服务的方式面向市场主体，获得数据服务及产品的服务收益；（3）数据融资贷款，通过数据资产评估形成数据资产评估报告及系列文件，通过银行授信、贷款等方式获得资金支持；（4）数据资产评估，除了上述市场化价值转化以外，在企业投融资、数据资产入表、数据资产入股等方式进行多元化价值变现。平台运营收益包括：（1）云资源服务，通过项目建设的数字基础设施，可以面向项目所覆盖的产业企业提供上云服务，获取云资源服务收益；（2）供应链服务，通过平台搭建了产业上下游供应链，实现产业各类资源在平台上的服务分发、信息撮合、采销结算等，平台收取供应链服务费用；（3）销售平台入驻及分成，通过图 13－2 中产业管理服务体系的建设，打通农产品产销链条，平台引入各类销售渠道，共同推动农产品的营销，通过平台实现渠道分成；（4）金融信贷服务，平台打通金融渠道，帮助农户、农企实现金融产品的撮合对接，平台获取金融信贷服务费；（5）农技服务，结合大语言模型、农业行业知识库为平台用户提供订阅式数据服务，获取面向 C 端的服务收益。

4. N 个链接

N 个链接是通过该模式激活数据要素能够实现包括农业产业、数据产业、金融产业等多个主体的打通和链接。除了农业产业链条以外，数据要素市场化体系链条长，参与主体多。数据资产评估是一项集政府、第三方服务机构为一体的综合性服务业务。政府组建的天津数据资产登记评估中心负责权威性、数据资产认定登记；中心运营方为企业提供第三方服务机构的统筹，数据资产识别，以及对数据质量、价值层面的评估，评估过程遵循数据资产评估国家标准；律师事务所负责评估过程中的合规确权，资产评估机构按照国家资产评估法对数据资产进行价格评估，会计师事务所对数据资产进行审计核验；金融保险机构为企业提供评估后的贷款、融资、保险理赔等服务；数据交易所为数据资产提供场内交易服务。实现吸引、凝聚农业产业类、数据要素类生态企业落地，激活数据要素，推动数字经济高质量发展。

综上所述，通过DOD模式叠加数字乡村和数据要素，充分激活乡村数据要素价值，实现从数据到数据资源、再到数据资产的转变，将数据要素增值作为数字乡村建设、运营的内生动力，高标准落实“数据要素×现代农业”行动计划，高质量推动我国乡村振兴战略。

案例13-2　新晃侗族自治县：数据点亮“黄牛之乡”振兴路

县域经济作为我国经济发展的重要组成部分，如何盘活县域特色产业数据资源，推动数据要素市场化配置，已成为新时期乡村振兴的关键命题之一。湖南省新晃侗族自治县（以下简称新晃县）素有“中国黄牛之乡”的美誉，黄牛产业是该县的特色支柱产业。然而，长期以来，黄牛产业数据分散、质量参差不齐、应用场景有限，制约了数据价值的充分释放。

2023年，新晃县联合华南数字产业集团、深圳数据交易所等单位，共同推进黄牛产业数字化转型，建立了覆盖黄牛繁育、养殖、屠宰加工、交易等全链条环节的数字化平台，实现了产业数据的实时采集和管理。在此基础上，新晃县本地企业开源数字科技有限公司（以下简称开源数字科技）开发了“晃牛保”等数据产品，并通过深圳数据交易所完成了数据确权和合规审核。2024年3月18日，湖南新晃农村商业银行（以下简称新晃农商行）与华南数字产业集团、开源数字科技签署了首例数据资产无抵押融资协议，为开源数字科技授予了1000万元人民币的授信额度。这一事件标志着新晃县数字经济发展迈出了具有里程碑意义的一步，开创了县域特色产业数据要素商业化运作的新模式。

此次开源数字科技获得数据资产无抵押融资，是多方协同创新的结果，为县域特色产业数据要素市场化配置提供了鲜活样本。其主要实施过程如下：

（1）搭建产业数字化平台。新晃县联合华南数字产业集团、深圳数据交易所等单位，建立了覆盖黄牛产业全链条的数字化平台。通过物联网、人工智能等技术手段，平台实现了对黄牛养殖过程、交易信息、质量追溯等数据的自动采集、实时监测和智能管理，破解了原有数据分散、难以利用的困局，为后续数据开发应用奠定了坚实基础。

（2）开发特色数据产品。基于黄牛产业数字化平台，开源数字科技针对金融信贷、保险风控等关键场景，开发了"晃牛保"等特色数据产品。这些产品通过数据挖掘、算法建模等技术，将分散的黄牛生产经营数据进行了深度加工和智能分析，形成了反映产业运行状况、风险等级的数据模型和评估报告，具有很强的市场应用前景。

（3）数据产品交易上市。为推动"晃牛保"等数据产品的市场化运作，开源数字科技选择在深圳数据交易所挂牌上市。在交易所的协助下，数据产品完成了确权登记和合规审核等关键环节，获得了乡村振兴领域数据产品的"身份证"。这标志着"晃牛保"已成为一项可交易、可流通的数字资产，为产业数据价值变现开辟了通道。

（4）开展数据资产融资。数据产品上市后，开源数字科技联合华南数字产业集团，向新晃农商行申请开展数据资产无抵押贷款。在卓建律师事务所、中科华资产评估公司的专业指导下，农商行对"晃牛保"数据资产进行了全面尽调和风险评估，并结合企业信用状况，最终为开源数字科技授予了1000万元的信用贷款额度。这笔融资的获得，既为企业发展注入了金融活水，也开创了县域数据资产化的新路径。

对新晃县而言，黄牛产业数据资产化是推动特色产业数字化转型、提质增效的关键抓手。通过数字化平台建设，新晃县实现了黄牛产业数据的系统归集和深度整合，为产业链各环节提供了数字化、网络化、智能化的数据服务，有力促进了产业运行效率的提升。同时，“晃牛保”等特色数据产品的开发应用，进一步盘活了产业数据资源，以数据流引领技术流、资金流、人才流，激发了县域发展新动能。此次开源数字科技获得1000万元数据资产贷款，更是县域特色产业数据价值变现、资本化运作的生动实践，为产业转型升级提供了金融“血液”，也为新晃县在新时期乡村振兴中抢占了先机。

通过搭建县域特色产业数字化平台，开发特色数据产品，创新数据资产化运营模式，一个个县域正加速构建起政府、社会、企业、金融机构等多方参与的数据要素市场生态，为全国探索具有区域特色的数字经济发展道路提供了宝贵样本，也为建设数字中国提供了“县域方案”。

在数据流中架起致富桥

随着全球人口的不断增长，粮食安全成为全球面临的重大挑战之一。联合国粮农组织预计，到2050年，为了满足全球人口需求，全球粮食产量需要增加近70%。在这一背景下，数据资产化在农业领域的应用显得尤为关键，它不仅代表着提高生产效率和精准度的手段，更是实现可持续农业发展的关键途径。

在技术发展的推动下，精准农业已经从概念逐步走向实践，其中大数据、物联网、人工智能和机器学习等技术的进步，为农业生产提供了前所未有的数据支持和智能分析能力。这些技术使从土壤分析到作物生长监控，再到产后管理，每一个环节都能够实现数据化管理，极大提升了农业生产的精准性和效率。例如，利用卫星遥感和地面传感器收集的大数据能够帮助农民实时监控作物生长状态和土壤湿度，通过AI算法分析得出的灌溉和施肥建议，可以显著减少水资源和化肥的使用，同时提高作物产量。

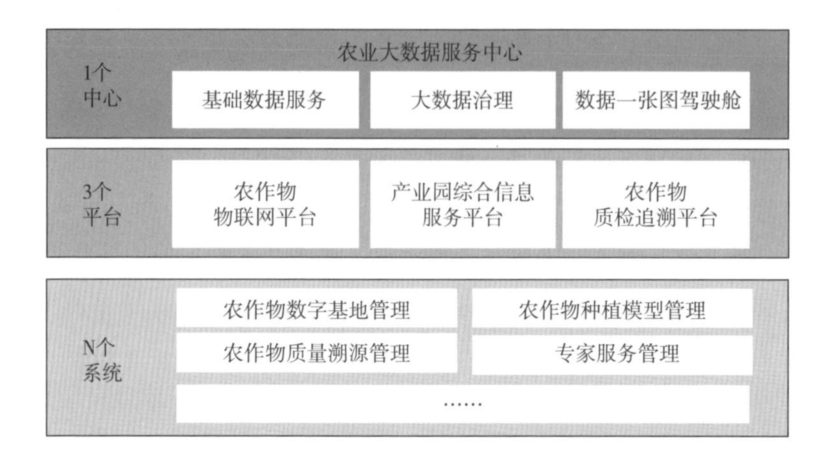

图 13-3 “1+3+N”，打造区域数字农业发展新模式

然而，数据资产化在农业中的应用不仅仅是提高单一作物产量那么简单，它的更深远意义在于推动整个农业生态系统的可持续发展。通过对海量数据的分析，可以帮助农业生产者更好地理解作物生长的各种因素和它们之间的相互作用，从而实现更为科学和环境友好的农业管理方式。这不仅有助于保护生态环境，减少化学肥料和农药的使用，同时也能提高土地的利用效率和作物的质量，促进农业生产向更高效、更可持续的方向发展。

在全球范围内，数据资产化的农业应用还能促进农产品的价值链优化和市场准入。通过数据分析，农业生产者可以更准确地预测市场需求，减少供应链中的浪费，提高市场响应速度。此外，数据资产化还能帮助农业生产者提升产品质量和安全性，通过精准追溯系统增强消费者对农产品的信任，从而获得更好的市场竞争力。

未来，随着5G、边缘计算等新技术的发展和应用，数据在农业中的收集、处理和分析将更加高效和实时，精准农业的实践将更加广泛和深入。这些技术的进步不仅能够进一步提高农业生产的精准度和效率，还将促使农业生产模式和管理方式的根本变革，推动全球农业向数字化、智能化、可持续化发展转型。

此外，数据资产化在农业领域的深入应用，还将为应对全球气候变化提供强有力的支持。通过精准的数据分析，可以更有效地监测和评估气候变化对农业生产的影响，及时调整农业生产策略，减轻极端天气事件对农业生产的影响。同时，数据资产化还能帮助评估和实施各种减排措施，如精准农业技术的推广使用，能够显著降低农业生产过程中的碳排放，为全球气候变化的缓解作出贡献。

总之，数据资产化在农业领域的应用，不仅代表了技术进步和生产方式革新，更是农业可持续发展和全球粮食安全的重要支撑。随着技术的不断发展和政策的有力支持，未来精准农业的实践将更加广泛，其在提高农业生产效率、保障全球粮食安全以及推动可持续发展方面的作用将越发凸显。

13.3　科创数据驱动“智”向未来

在当今快速变革的时代，科技创新的深化，不再仅仅依赖于个别天才的灵光一现，而是越来越多地依托于海量数据的深度挖掘和智能分析。这不仅为科研提供了前所未有的广度和深度，也为产业变革提供了实时的动力和方向。

让科研数据“活”起来

在新一轮科技革命和产业变革的浪潮中，创新正在以前所未有的速度和广度重塑着经济社会的方方面面。数据作为创新的关键驱动力，正日益成为推动科技进步、引领产业变革的战略性资源和变革性力量。将数据驱动深度融入创新链各个环节，以数据化研究范式促进科研范式变革，以开放共享的数据资源厚植协同创新的沃土，已成为新时代推动科技创新、抢占发展制高点的战略选择。而科技创新数据资产化，正是撬动这一变革的关键支点。

从宏观视野审视，科技创新数据资产化是服务国家创新驱动发展战略的重大举措。一方面，科学数据资产化可为科技创新提供坚实的数据支撑。通过对科研文献、专利信息、工程参数等数据的深度挖掘，可多维度刻画国家创新能力图谱，动态追踪学科发展态势，精准识别关键技术短板和“卡脖子”环节，从而在学科布局、平台建设、人才培养等方面做出前瞻谋划，在关键核心技术攻关中抢占先机。另一方面，科学数据资产化也将重塑国家创新治理体系。通过开放共享科研数据，搭建科研数据交易市场，可为科技成果的转化应用开辟新路径，推动科技、产业、金融、人才等创新要素在更大范围内优化配置，进而带动创新链、产业链、价值链协同发力，形成以企业为主体、市场为导向、产学研深度融合的技术创新体系。

从中观层面来看，科技创新数据资产化正成为驱动产业变革的新引擎。随着物联网、人工智能等新一代信息技术广泛渗透，传统产业正加速向数字化、网络化、智能化转型。科学数据的开放共享与深度利用，将催生一系列变革性技术和颠覆性应用，为传统产业转型升级、培育发展新动能提供源源不断的创新源泉。例如，在生物医药领域，通过分子结构、基因表达、临床试验等多维数据的关联分析，可大幅缩短新药研发周期，降低研发成本。国家重大新药创制科技重大专项通过建立国家药物创新大数据中心，汇聚了 300 余万个化合物数据、500 万个候选化合物筛选数据，推动创新药研发周期由 12 年缩短至 6 年。

从微观视角细察，科技创新数据资产化正在重塑科研活动的新模式。科学数据作为研究过程的重要产出，来源于科研活动的各个环节。唯有将实验记录、仪器读数、访谈资料、模型代码等原始数据与科研论文、专利产品等成果数据统筹管理，才能实现数据价值的充分释放。科技创新数据资产化的核心，就在于打通科研数据产生、应用的各个闭环，构建起全流程、全生命周期的科研数据管理体系。在此基础上，通过大数据分析等技术手段提炼数据中的科学规律和创新启示，就能促进科学研究从定性到定量、从经验驱动到数据驱动的范式变革。

案例13-3　贵州勘设生态：以数据之力攻坚科创“新高地”

贵州勘设生态环境科技有限公司（以下简称勘设生态）在贵阳大数据交易所的支持下，成功将“污水处理厂仿真AI模型运行数据集”和“供水厂仿真AI模型运行数据集”作为数据资产入表。这一举措成为贵州省首例数据资产入表的案例，标志着数据价值化的新突破。

此次数据资产入表的落地，是政产学研多方协同创新的结果，主要经历了以下几个关键环节：

（1）企业数据资源盘点。勘设生态是一家专注于环保数字化服务的高科技企业，在环境检测和监测领域拥有丰富的数据积累。为实现数据资产化，在贵阳大数据交易所和北京智慧财富集团的帮助下，勘设生态对企业内部的数据资源进行了全面梳理，通过收集、校核、清洗、筛选等环节，甄别出符合数据资产定义的高价值数据集。

（2）数据资产价值评估。在数据资源盘点的基础上，贵阳大数据交易所组织法律、技术、安全、行业应用等领域专家，对勘设生态的数据资源进行论证评估。通过对数据来源、数据质量、应用场景、市场需求等多维度分析，并结合数据资产形成过程中的成本归集情况，专家组最终确定了拟入表的“污水处理厂仿真AI模型运行数据集/供水厂仿真AI模型运行数据集”的价值量化指标。

（3）数据资产合规审核。数据资产入表需要符合相关法律法规和行业标准。在价值评估的同时，贵阳大数据交易所还重点审核了勘设生态的交易主体准入资质、数据来源与用途的合法合规性、使用限制条款的完备性等内容。通过专业、严格的合规审核，确保了数据资产入表的规范性和安全性。

（4）数据资产挂牌交易。在完成价值评估和合规审核后，勘设生态的“污水处理厂仿真AI模型运行数据集/供水厂仿真AI模型运行数据集”正式作为数据资产上市挂牌，在贵阳大数据交易所进行公开交易。这标志着勘设生态的数据资源实现了从“沉睡”到“唤醒”的转变，数据资产的价值得以确认、传播和变现。

（5）数据资产管理优化。数据资产入表只是开始，如何更好地管理和利用数据资产，实现其价值最大化，是建设生态的长期目标。在此次入表基础上，勘设生态将进一步强化数据治理，提升数据质量和数据安全水平，并积极探索数据资产的二次开发和创新应用，为环保事业的数字化、智能化发展提供有力数据支撑。

对勘设生态而言，数据资产入表是盘活数据资源、实现数据变现的关键举措。作为一家数据驱动型企业，勘设生态深知数据的巨大价值。但长期以来，由于缺乏数据资产化路径，企业的核心数据资源难以体现“资产”属性，数据投入与产出难以匹配。而通过贵阳大数据交易所助力实现数据资产入表，勘设生态的数据资源从“死”的信息变成了“活”的资本，形成了可确权、可计量、可流通的无形资产。

对贵州发展而言，数据资产入表是深化数据要素市场化配置改革、打造数字经济发展新优势的重要抓手。近年来，贵州把大数据作为战略性新兴产业，加快推进数据确权、流通、交易、定价等机制创新，着力打造国家大数据综合试验区。勘设生态的首单数据资产入表，正是贵州数据要素市场建设的生动缩影。通过培育一批数据资产化标杆企业，贵州正在加快形成政府、社会、企业等各类数据资源汇聚融通、交易流通的生态体系，并辐射带动传统产业数字化、智能化改造，助推经济高质量发展。从全国视角看，贵州的创新实践无疑也为其他地区提供了宝贵经验。

■ 搭建数据驱动的“创新高地”

当前，我国正处于由科技大国向科技强国跨越的关键阶段，必须充分发挥数据要素赋能作用，加快构建开放协同、合作共赢的科技创新数据生态，为实现高水平科技自立自强提供强大数据支撑。

打造国家科学大数据中心是当务之急。科学数据汇聚共享是发挥数据价值、驱动科技创新的基础前提。当前，我国科学数据分散在各科研机构、高校、企业手中，缺乏统一规划和宏观布局，亟须加快建设国家级科学大数据基础设施。要依托现有国家重点实验室、国家工程研究中心等创新基地，布局建设一批国家科学大数据中心，在基础科学、生命健康、资源环境等领域形成布局合理、功能互补的国家科学大数据中心体系。要发挥国家战略科技力量，加强顶层设计和统筹协调，打通“五横五纵”（基础科学、生命科学、材料科学、海洋科学、空间科学五大领域，以及科学装置、科学卫星、科学考察船、野外台站、科学数据中心五类载体）的科学数据汇聚通道。同时，要建立全国统一的科研数据采集、传输、存储标准规范，形成长期、连续、规范的科学数据积累机制。

推动科学数据共享开放是关键所在。让科学数据资源在阳光下流动，在创新中迸发活力，需要从体制机制、法律法规等方面系统性破题。要制定国家科学数据开放共享的顶层文件，明确开放共享的原则、范围、模式、监管等要求。鼓励科研机构、高校与科技企业加强合作，依托产学研用协同创新机制，促进科学数据与产业数据融通共享。完善科研项目和人才评价机制，将科学数据的汇交情况纳入评估指标体系。加快科学数据开放共享相关法律法规建设，明确科学数据产权界定、许可使用、利益分配等规则，维护科学数据提供者的合法权益。此外，要充分发挥学术团体、行业协会、专业机构的第三方作用，探索建立科学数据质量认证、科学数据交易等专业化服务，推动科学数据高效流通和价值转化。

培育科学数据要素市场是未来方向。发挥市场配置科技创新资源的决定性作用，培育规范有序的科学数据要素市场，是推动科学数据资产化、产业化、规模化发展的治本之策。要建立科学数据资产评估体系，规范科学数据资产定价、交易流程，促进科学数据资源在全社会优化配置。鼓励社会资本参与科学数据资产交易平台建设，培育一批掌握核心技术、具备行业经验的科学数据资产运营企业。支持科研院所、高校与数据企业合作，探索科学数据资产的多元化盈利模式，形成线上与线下、一次交易与二次开发相结合的多层次数据要素市场。要规范和引导互联网企业参与科学数据开发利用，发挥其在数据清洗、算法模型等方面的技术优势，加速科学数据产业化应用。此外，要建立常态化的科学数据产业发展监测评估机制，准确把握产业发展态势，促进科学数据成果转化和产业发展良性互动。

第 14 章

精准高效：塑造生产未来

14.1　交通运输再“智”造

在智能时代的潮头，数据驱动的生产范式正以前所未有的广度和深度重构着我们的经济形态。从交通枢纽到商贸流通，从金融创新到制造变革，海量的数据通过智能化手段赋能全行业，让生产更精准、决策更智能、服务更高效，开启了高质量发展的崭新可能。

数据驱动下的交通“换道加速”

随着数字经济时代的到来，数据日益成为驱动经济社会发展的关键生产要素。在交通运输领域，海量多源的出行数据、运营数据、管理数据不断汇聚，蕴含着巨大的价值潜力。

在日常交通领域，车、路、港、站等各类设施设备，行人、车辆、船舶等各类运输工具，每时每刻都在产生海量、多源、异构的数据，覆盖交通参与者的方方面面。通过数据资产化，可透视交通系统的全景图，洞察出行需求的变化，精准预测交通流量走向，为科学规划交通基础设施布局、优化交通运输组织提供决策参考，助力交通治理从“经验式”走向“数据驱动式”。

从需求侧来看，数据资产化可以推动交通服务更加精准化、个性化。

传统交通服务模式“大水漫灌”，难以精准对接不同群体的差异化出行需求。而通过汇聚手机签约、公交刷卡、网约车订单等多源数据，运用大数据分析技术，就可以精准刻画不同人群的时空出行特征，洞察其潜在需求，为其提供更加精准、贴心的出行服务。例如，通过分析早晚高峰客流数据，动态优化公交线路；通过关联商圈消费数据，精准投放共享单车；通过研判重大活动数据，灵活调配运力……数据驱动下的交通服务，必将实现从“以运输为中心”到“以人为本”的理念转变。

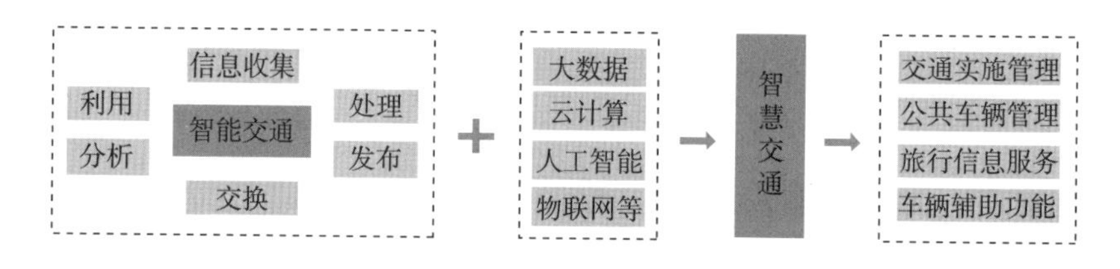

图 14－1　智慧交通运作模式

从供给侧来看，数据资产化正在重塑交通基础设施的规划建设模式。传统交通规划主要依靠静态数据和经验判断，存在信息不对称、资源错配的问题。当前，海量车路协同数据、ETC 数据、手机信令数据等新型数据源不断涌现，为交通基础设施的精准规划、科学建设提供了新路径。通过交通大数据分析，可以更加准确地预测区域交通需求，测算拥堵程度，识别堵点断点，进而优化道路网络、枢纽场站等基础设施的空间布局，避免盲目建设和资源浪费。数据还可用于交通工程建设全生命周期管理，通过数字孪生、智能感知等技术，实现工程建设的可视化监管、精细化操作，进一步提升投资效率和建设品质。

从运行层面看，数据资产化正在重塑交通系统的组织运行方式。当前，我国交通运输呈现出综合化、一体化发展态势，但不同运输方式各自为政、条块分割的问题仍较为突出，多式联运效率有待进一步提升。利用数据打通公路、铁路、水运、航空、管道等不同运输方式，就能实现运力资源的统筹调配、协同优化，构建一体化运输组织体系。同时，通过对交通流量、通行时间、货运需求等数据的分析预测，还可实现交通运输的精细化管控、弹性化调度，在动态平衡运输供需的同时，最大限度地挖掘运输潜力，提高交通设施利用率和综合效率。

案例 14-1　临沂铁投：数据夯实转型根基

在政策利好的推动下，山东省临沂市积极探索数据要素市场化配置改革，鼓励和引导企业盘活数据资源、实现数据价值。在这一背景下，临沂铁投集团所属临沂铁投城市服务有限公司（以下简称临沂铁投城服）于 2024 年 2 月将“临沂市高铁北站停车场数据资源集”列入无形资产—数据资源科目，计入企业总资产，成为临沂市首个实现企业数据资源入表的成功案例，为国有企业数字化转型探索出了新路径。

临沂铁投城服此次数据资源入表，是国有企业深入贯彻新发展理念、加快数字化转型的创新实践，对于盘活存量资产、提升发展质量具有重要意义。其主要实施过程如下：

（1）数据资源盘点与梳理。作为临沂高铁北站的运营服务商，临沂铁投城服在日常经营中积累了大量停车场业务数据。为实现数据资产化，公司在临沂市大数据局和临沂市大数据中心的指导下，首先对现有数据资源进行了全面梳理和分类，重点围绕停车场车流量、车位周转率、停放时长分布等核心业务数据，形成了结构化的“临沂市高铁北站停车场数据资源集”。

（2）数据资产立项与治理。在完成数据盘点的基础上，临沂铁投城服正式启动数据资源入表项目，成立了由公司领导、财务、信息、业务等部门组成的项目组。项目组按照数据资产化的标准流程，制订了项目建设方案，明确了时间表和路线图。同时，公司还聘请第三方机构对数据资源进行治理，通过数据清洗、脱敏、加密等步骤，进一步提升了数据质量和安全性，为后续工作奠定了坚实基础。

（3）数据资产评估与审核。数据资产价值评估是入表工作的关键环节。临沂铁投城服遵循数据资产入表规定，采用成本法对“临沂市高铁北站停车场数据资源集”进行价值评估。公司财务部门会同第三方评估机构，根据数据获取、存储、加工、应用等成本，测算出数据资产的入账价值。与此同时，公司还邀请会计师事务所、律师事务所等中介机构，对数据资产的真实性、合规性进行严格审核，确保数据资产价值的客观公允。

（4）数据资产入账与应用。在完成数据资产的价值评估和审核后，“临沂市高铁北站停车场数据资源集”正式纳入临沂铁投城服的无形资产—数据资源科目，并计入企业总资产。在数据资产入表的基础上，公司还积极探索数据资产的应用场景。通过分析车主停车行为，公司可以制定精准的优惠政策，提升车主停车体验；优化停车位资源配置，提高场站运营效率；为站区交通规划、商业选址提供数据支撑，创造更大社会价值。

临沂铁投城服在全市率先完成企业数据资源入表，是国有企业数字化转型、提质增效的标志性事件，对多方面发展将产生积极而深远的影响。

对临沂铁投城服自身而言，数据资源入表是盘活存量资产、夯实发展根基的关键一招。通过系统梳理和科学评估，公司摸清了数据家底，将原本散落的数据资源进行集中管理，形成了体系化的数据资产。这不仅提升了公司的资产管理水平，还为数据资产的运营、交易、质押等应用打开了空间。数据资产的确权与入账，也将倒逼公司进一步加强数据安全治理，提高数据质量，从而增强核心数据能力，为高质量发展注入新动能。

对临沂市数字政府建设而言，国有企业数据资源入表是深化数据要素市场化配置改革、加快数字强市建设的有力抓手。近年来，临沂市把数字经济作为统揽经济高质量发展的总引擎，大力实施数字化战略，推动数据这一新型生产要素加速向现实生产力转化。临沂铁投城服在全市国企中率先完成数据资产入表，实现了国有数据资源向国有资本的转化，为全市数据要素市场培育提供了鲜活样本。伴随着越来越多国有企业“试水”数据资产化，临沂正加速构建统一开放、竞争有序的数据要素市场，以数字之力重塑发展新优势。

■ 打通运输全链条的数据动脉

交通大数据的广泛应用，为交通运输现代化插上了腾飞的翅膀。站在“十四五”开局起步的关键节点，更需要我们科学研判交通数字化转型的新形势、新趋势，找准数据要素服务交通高质量发展的发力点和突破口。从数据资产管理到要素市场培育，从科技创新布局到行业生态构建，加快构建与现代化综合交通运输体系相适应的大数据发展格局，全面提升交通大数据资源整合、开发利用、产业支撑能力，以创新驱动、协同赋能的思路，打造交通与数据协调发展、交相辉映的新局面。

加强交通运输数据资产管理是基础。当前，我国交通运输数据在采集、传输、管理、应用等环节还存在诸多堵点痛点，数据分散、标准不一、质量参差不齐等问题仍较为突出。必须加快建立健全交通大数据管理体系，夯实数据资源高效配置、价值转化的基石。要统筹规划建设国家、区域、城市三级交通大数据中心，形成功能定位清晰、资源集约统筹、多级联动协同的大数据发展格局。要加快构建交通运输数据资源目录和开放共享机制，盘活存量、优化增量、提升质量，促进部门间、层级间、区域间数据汇聚共享。

培育交通大数据要素市场是关键。打造统一开放、竞争有序的数据要素市场，是盘活交通数据这一关键生产要素、提升资源配置效率的治本之策。要加快建设全国性的交通大数据交易平台，为各类市场主体提供数据汇聚共享、交易撮合等服务，打通政府和社会数据资源向现实生产力转化的“最后一公里”。要培育壮大数据要素交易市场主体，鼓励交通运输企业、互联网平台、专业服务机构等参与数据交易，形成公平竞争、多方参与的市场化交易格局。

表 14－1　部分省市智慧交通试点进展情况

省市	项目	落地情况
北京	经开区智慧道路	扩展至 40 公里，覆盖 36 个路口，其中包括 6 个智能感知路口
河北	延崇高速河北段合同段	路基工程已基本完成，桥梁工程完成 75%，路面工程正在按进度推进中
吉林	智能化高速公路 SMA 沥青路	SMA 沥青路面摊铺收官。项目建成后，双辽至洮南将从现行 4 个小时的车程缩短到 2 个小时以内
江苏	一批智慧公路试点工程	无锡车联网小镇、342 省道无锡段、24 国道常熟段、五峰山高速、沪宁高速
浙江	绍台高速公路先行段	先行段已正式通车。通车段全长约 67 公里，比原计划时间提前 3 个月通车
福建	普通国省干线公路	已具备一定数字化与信息化基础。建设了覆盖重点路段的视频监控信号和 200 余处交调站点数据
江西	5G 车联网及人车路协同智慧高速构建与示范项目	昌九 5G 智慧高速项目一期新祺周至永修测试路段开始试运行
河南	济源境内智慧公路试点项目	智慧公路试点项目正式开工，此试点项目主要是把济源境内国道 208 和国道 327 共 120.8 公里路段作为“应急示范路”
广东	深圳首条智慧交通样板工程、侨香路路面修缮及交通改善工程	可识别车流量和人流量，实现红绿灯时长动态调整

强化交通大数据科技创新是重点。新一代信息技术是交通运输数字化、网络化、智能化的底座，是撬动行业变革创新的关键杠杆。但当前我国在自动驾驶、车路协同等领域的核心技术仍受制于人，科技创新的引领支撑作用有待进一步增强。必须坚持创新在现代化建设全局中的核心地位，加快实现交通领域的关键核心技术突破。要制定交通运输科技创新规划，明确自动驾驶、智慧公路、智慧民航等重点任务，加大政策、资金、

人才等创新资源投入。

14.2　数据织就金融“普惠”基因

在金融领域，数据不仅仅是一串串冷冰冰的数字，它们背后蕴藏着无限的潜能和价值。当我们谈论数据驱动的金融“普惠”，我们实际上在讨论的是如何利用这些数据照亮那些过去被传统金融服务忽视的角落，使金融的光辉普照每一个需要帮助的个体和企业。

■ 在数据风控中实现普惠发展

在数字经济的浪潮下，数据正在成为驱动经济发展的新引擎，深刻改变着各行各业的运行逻辑。金融业作为现代经济的血脉，其数字化转型进程正在不断加速。数据资产化无疑是金融业数字化转型的关键一环，它通过将数据要素转化为数字资本，重塑了金融服务的底层逻辑，为金融创新和普惠金融发展开辟了新的道路。

传统金融服务模式下，金融机构主要依赖抵押品和信用记录来评估风险、定价贷款。这种模式虽然相对稳健，但也存在服务门槛高、效率低下等问题，导致长尾客户和中小微企业难以获得充分的金融支持。数据资产化为破解这一难题提供了新的思路。通过全面采集和深入分析客户的信用数据、交易数据、行为数据等，金融机构可以更加立体、动态地刻画客户画像，精准评估其风险水平和信贷需求，并据此提供个性化的金融产品和服务。这种数据驱动的金融服务模式，不仅显著提升了金融服务的覆盖面和可得性，也大大降低了金融交易成本，推动了普惠金融的发展。

以互联网金融为例。依托于海量的用户数据和先进的数据分析技术，互联网金融企业可以对借款人进行多维度、高频次的信用评估，并结合机器学习算法不断优化风控模型，实现贷款的自动化审批和放款。这种大数据风控模式一方面降低了贷款门槛，使更多的小微企业和个人能够获得融资支持；另一方面也提高了风控效率，减少了坏账率，保障了金融体系的稳健运行。可以说，数据资产化正在成为互联网金融实现普惠、高效、可持续发展的核心驱动力。

事实上，数据资产化在金融领域的应用远不止于此。在支付领域，数据资产化推动了移动支付、二维码支付等创新支付方式的兴起，极大地提升了支付便捷性和普惠性；在保险领域，数据资产化助力保险公司精准定价、个性化定制，拓展了保险服务的广度和深度；在投资领域，数据资产化为量化投资、智能投顾等新兴业态提供了数据和技术支撑，让专业的投资服务触手可及。由此可见，数据资产化正在成为金融业提质增效、创新发展的新引擎，驱动金融服务向着更加智能化、普惠化、特色化的方向迈进。

案例 14 -2 上海建行："数据贷"助力金融"专精特新"

国家近年来大力推进数据要素市场化配置改革，出台一系列政策措施，鼓励金融机构创新服务模式，探索数据资产质押融资等新型业务。在这一背景下，中国建设银行上海市分行（以下简称建行上海分行）与上海数据交易所深度合作，成功发放了首笔基于"数易贷"服务的数据资产质押贷款，实现了"数据资产确权—评估—质押—贷款"全流程贯通，开启了数据要素金融化的新路径。

此次建行上海分行发放首笔数据资产质押贷款，作为金融机构积极响应国家数字经济发展战略、深化金融供给侧结构性改革的创新实践，主要经历了以下几个关键环节：

（1）借款企业数据资产确权。上海寰动机器人有限公司（速腾数据）是一家专注于数据中心机器人的科技型企业，拥有丰富的数据资产，但缺乏传统的物质性抵押物。为盘活数据资产，企业通过上海数据交易所"数易贷"服务，对其数据资产进行确权。通过发布可信数据资产凭证（DCB），上海数据交易所动态记录了数据资产的形成、流通和交易全过程，确保了数据资产的真实性、合法性和不可篡改性。

（2）数据资产价值评估。在完成数据资产确权后，如何科学评估其价值是金融机构面临的重要课题。“数易贷”服务针对这一难点，提供了专业的数据资产评估服务。通过综合考虑数据资产的规模、质量、应用场景、市场需求等因素，“数易贷”测算出数据资产的价值区间，为金融机构的贷款决策提供了重要参考。

（3）贷款授信与风险控制。基于“数易贷”给出的数据资产价值评估意见，建行上海分行为借款企业设计了贷款方案，确定了贷款金额、期限、利率等关键要素。与此同时，银行还通过“数易贷”平台，对数据资产质押过程进行全生命周期监控，实时掌握数据资产的状态变化，提前预警和化解风险。可信数据资产凭证为质押贷款提供了有力保障。

（4）贷款发放与后续服务。在综合评估风险的基础上，建行上海分行为速腾数据有限公司发放了首笔数据资产质押贷款，为企业注入了发展的金融活水。随后，银行还将通过“数易贷”平台，为企业提供贷后管理和增值服务，帮助企业更好地利用数据资产，提升经营管理水平，实现高质量发展。

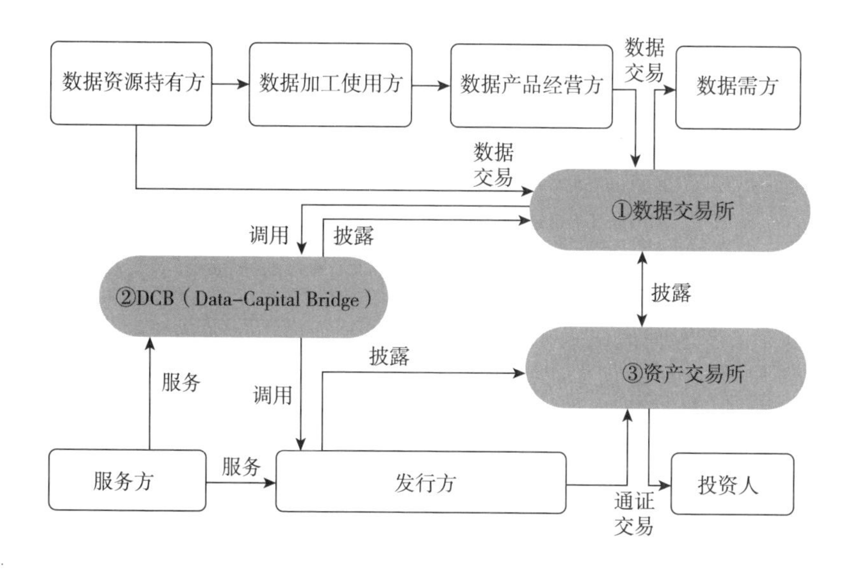

图14－2　可信数据资产凭证流程

综合来看，建行上海分行发放全国首笔数据资产质押贷款，是贯彻落实国家金融支持数字经济发展决策部署的率先实践，在数据要素金融化进程中具有里程碑式的意义。这一创新案例揭示了数据资产的巨大金融潜力，为破解创新型、科技型企业融资难题探索了新路径，也为推动数字经济和实体经济融合发展提供了鲜活样本。

金融从普及到普惠的飞跃

纵观金融业数字化转型历程，数据资产化正从理念走向实践，从概念走向落地，一个波澜壮阔的智慧金融时代正在徐徐拉开帷幕。然而，在数据驱动金融创新的路上，我们仍面临诸多困难和挑战。数据孤岛林立、数据质量参差不齐、数据安全隐患突出等问题，无不阻碍着金融数据价值的充分释放。未来如何破除藩篱，开启通途，将成为推动智慧金融纵深发展的关键命题。

首先，要强化数据治理，夯实智慧金融底座。数据治理是金融业数字化转型的重中之重。监管部门要加快构建数据分类分级、采集共享、交易流通、隐私保护、安全管控的基础性制度规范，为金融数据有序开发利用扫清障碍。金融机构要完善数据全生命周期管理，推进数据架构现代化，建立健全数据质量管控、数据资产盘点、数据价值评估等管理机制，不断提升数据的完整性、准确性、时效性、连通性。要加大数据安全投入，切实保障数据主体权益，筑牢智慧金融发展的安全防线。

其次，要深化科技赋能，激发智慧金融新动能。人工智能、区块链、云计算、5G 等新一代信息技术是驱动智慧金融变革的新引擎。金融机构要紧跟科技前沿，加大创新研发投入，将数据与新兴技术深度融合，孕育金融创新的新动能。比如，要运用区块链技术“解锁”数据价值，在可信可控前提下实现数据共享；要运用联邦学习、隐私计算等技术，在保护隐私的同时实现数据协作；要运用人工智能技术，加快构建“AI + 场景”的智能金融应用。同时，还要加强底层科技攻关，在智能芯片、操作系统、密码算法等领域取得自主创新突破，为智慧金融插上腾飞的翅膀。

最后，要拓展生态布局，开创智慧金融新蓝海。开放、协同、共生是智慧金融发展的鲜明特征。金融机构要秉持开放理念，加快从封闭、垂直走向开放、平台，积极参与并构建跨行业、跨市场的智慧金融生态圈。要面向零售、制造、农业等重点产业，输出数据、技术、产品等数字化解决方案，为产业数字化转型赋能。要加强与科技公司的战略合作，围绕软硬件适配、联合建模、场景融合等开展深度协同，实现优势互补、共创共赢。要立足全球视野谋篇布局，探索“数据+服务”跨境流动新模式，参与全球金融治理，为构建人类金融命运共同体贡献力量。

14.3　数据链接推动商贸流通“慧”发展

随着数字化转型的深入，商贸行业正在经历一场由数据驱动的深刻革新。数据不再只是简单记录，它们成为连接消费者、企业和市场的桥梁，搭建起一个全新的、智能化的商贸生态系统。这一变革不仅提高了商贸流通的效率，更重要的是，它让市场反应更加敏捷，使企业能够基于数据作出更加精准的决策，从而更好地满足消费者多样化、个性化的需求。

数据点亮商贸转型新航标

在商贸流通领域，海量多维的交易数据、客户数据、供应链数据不断汇聚，蕴藏着巨大的价值潜力。如何盘活这一数据“富矿”，实现数据价值向现实生产力的转化，已成为新时代商贸流通高质量发展的战略命题。而数据资产化，正是撬动这一变革的“金钥匙”。将数据要素深度融入商品生产、流通、消费的全链条各环节，用数据驱动业态重塑、模式创新、效能提升，必将开启智慧商贸的崭新图景，为建设现代流通体系、服务构建新发展格局注入澎湃动力。

对于商贸流通行业而言，内外贸、线上线下相融合的庞大交易网络，每天都在沉淀海量的商品、资金、信息流数据。这些数据横跨供应商、经销商、消费者等多个主体，贯穿商品设计、生产、仓储、配送、销售等各个环节，蕴含着消费趋势判断、供应链优化、渠道决策等诸多价值维度。通过数据资产化，将分散于各业务环节、沉睡于各类应用系统中的数据“点”连接成“线”、汇聚成“面”，就能透视商品全生命周期，洞察消费行为全景图，重塑业务流程全链条，推动商贸流通实现精准营销、柔性供应、高效协同。

从消费端来看，数据资产化可推动商贸流通实现需求驱动、精准营销。传统商贸，讲究“酒香不怕巷子深”，而今天，商家面对海量 SKU 和复杂多变的消费偏好，单凭经验难以做到“酒香”。唯有汇聚线上浏览、搜索、交易等数据，以及线下门店客流、驻留等数据，借助大数据、人工智能技术，深度洞察消费行为，精准预测需求走向，才能让“酒”更“香”，让“巷子”更“浅”。

从供给侧来看，数据资产化为商贸流通的柔性供应、敏捷制造提供了新路径。传统商品供应模式自上而下，从制造端到零售端层层积压，不仅成本高企，而且难以快速响应市场变化。将消费大数据与设计、生产、仓储、物流数据打通，就能实现供需精准匹配、多方协同联动。

从运营层面来看，数据资产化正在重塑商贸流通的组织方式和协作模式。传统商贸企业内部各部门条块分割，上下游环节界限森严，数据共享难、协同慢，已难以适应日益复杂的跨界经营、一体化运作趋势。唯有打破“数据孤岛”，构建统一的数据资产管理体系，推动业财融合、线上线下融合，才能实现企业内外部的高效协同。

案例 14－3 青岛华通：在数据价值发现中掘金数字商贸

青岛华通集团于 2024 年 1 月 1 日将“企业信息核验数据集”纳入无形资产—数据资源科目，计入企业总资产。这是青岛市首个实现企业数据资源入表的案例，标志着该市在公共数据与社会数据治理融合方面迈出了重要一步，开启了数据资产化的新篇章。

此次数据资源入表的落地，是青岛华通集团积极响应国家数据要素市场化配置改革号召、深化企业数字化转型的创新实践，主要经历了以下八个关键环节：

（1）数据资源梳理。青岛华通集团技术、财务、运营等多部门协同发力，对企业内部的数据资源进行了全面盘点和分析。通过系统梳理，集团识别出了能够产生价值的优质数据资源，为后续数据资产化奠定了基础。

（2）项目可行性研究。在完成数据梳理后，青岛华通集团对数据资产化项目进行了初步研判，形成了项目可行性研究报告。报告从技术可行性、经济可行性、法律可行性等多个维度，论证了数据资源入表的必要性和可行性，为项目立项提供了决策依据。

（3）数据治理加工。为提升数据资产质量，青岛华通集团对原始数据进行了系统的清洗、整合和加工，最终形成了以企业违法违规失信信息为主要内容的“企业信息核验数据集”。这一数据产品的形成，标志着数据资源向数据资产的转化迈出了关键一步。

（4）数据资产验收。在数据产品开发完成后，青岛华通集团组织研发、财务、业务等部门对其进行了联合验收。通过对数据的完整性、准确性、时效性等指标的严格评估，形成了数据资产验收单，确保了数据资产的高质量。

（5）数据合规审查。为确保数据资产的合规性，青岛华通集团聘请专业律师事务所对“企业信息核验数据集”进行了全面的合规审查。律所从数据来源、数据内容、数据应用等方面进行了法律风险评估，并出具了数据合规报告，为数据资产的合规使用提供了法律保障。

（6）数据资产登记。在合规审查通过后，青岛华通集团向青岛数据资产登记评价中心提交了数据资产登记申请。经过严格审核，中心为“企业信息核验数据集”颁发了数据资产登记证书，标志着该数据资产的权属、边界等得到了权威确认。

（7）数据资产价值评价。为科学评估数据资产的价值，青岛华通集团依据《数据资产价值与收益分配评价模型》标准，综合考虑数据资产的规模、质量、应用场景、市场需求等因素，形成了数据资产价值评价报告。这一评价结果不仅量化了数据资产的经济价值，也为数据资产的运营变现指明了方向。

（8）数据资产入表。在完成前述工作的基础上，青岛华通集团正式将“企业信息核验数据集”确认为企业资产负债表中的“资产”项目，计入企业的总资产。这标志着数据资源实现了从“沉睡”到“唤醒”的蜕变，数据资产价值得到确认，企业的无形资产实力进一步夯实。

青岛华通集团在全市率先实现企业数据资源入表，开启了数据资产化、资本化的崭新篇章，展现了青岛在数字经济领域的创新活力和开拓精神。当前，全球数字经济竞赛如火如荼，数据作为关键生产要素的战略价值日益凸显。面对新形势新机遇，加快培育数据要素市场，推动数据要素规模化、市场化配置，已成为抢占发展制高点的关键之举。

■ 在数据驱动中实现人货场高效匹配

商贸流通是连接生产和消费的关键环节，在国民经济循环中发挥着至关重要的作用。党的二十大报告指出，要建设高效顺畅的流通体系，加快构建以国内大循环为主体、国内国际双循环相互促进的新发展格局。商贸流通数智化变革，正是破解发展难题、畅通国民经济循环、推动高质量发展的关键支点。站在新的历史起点，我们要科学把握商贸流通数字化、网络化、智能化发展新趋势，在数据资产管理、技术创新应用、产业生态构建等方面持续用力，加快建设现代商贸流通体系，为服务构建新发展格局贡献智慧力量。

当前，我国商贸流通数据资源尚未完全盘活，部分领域数据收集不足、共享不畅、开发利用程度不高，阻碍了数据要素价值的释放。必须加快建立统一规范、竞争有序的数据要素市场，促进商贸流通数据在政府、企业、社会各领域的融合应用。要推进数据资产产权保护制度建设，明晰平台、商家、消费者等各方数据权益边界。要建立健全数据资产登记、交易、定价等标准规范，培育数据资产评估、交易等专业服务机构，为数据资产化奠定制度基础。要建设全国性数据交易市场，探索数据交易新机制，促进数据资源市场化高效配置。

同时，商贸流通是一个高度关联的产业体系，企业间、行业间唯有协同才能共生。但当前各类主体发展水平参差不齐，大中小企业融通不畅，跨界协作壁垒仍然突出，产业生态有待进一步优化。必须立足全局谋划，统筹发展布局，加快构建大中小企业融通发展、线上线下协同联动的现代商贸流通生态。要发挥龙头企业引领作用，带动中小微企业数智化转型，提升专业化协作配套能力。要加快传统商贸企业数字化改造，用好电商平台、产业互联网等新型基础设施，推动线上线下渠道融合发展。要推动流通与制造协同发展，发展供应链金融，提升供应链整体效率。要培育平台经济、共享经济等新业态，打造协同共生的产业创新生态。

随着商贸流通数字化进程加快，数据跨境流动、第三方数据利用等新情况不断出现，数据泄露、滥用等安全风险日益突出，亟须加强数据安全治理。要健全数据分级分类管理制度，针对重要数据、敏感数据制定严格的管理措施。要加强全流程数据安全防护，运用隐私计算、联邦学习等技术，最大限度地规避数据共享开放过程中的安全隐患。要加快推进数据安全相关法律法规建设，加大对数据违法违规行为的惩戒力度。要加强数据跨境流动监管，维护国家数据主权和安全。同时，数据安全保护也要坚持总体国家安全观，更加突出保障人民群众生命财产安全，筑牢维护国家经济社会稳定的坚实防线。

案例 14-4 憨猴科技：数据链助力栾川商贸流通与产业优化升级

人工智能公司憨猴科技与河南省洛阳市栾川县交通部门合作，成功实施了客货邮一体化解决方案，通过打通全县的贸易数据，赋能当地商贸流通和产业发展。

栾川县面临的一个主要挑战是如何高效管理和优化全县内外的物流和贸易流通。憨猴科技通过数据链技术，将栾川发往全国各地的客货邮信息进行全面整合和分析，实现了对物流路径和产品流向的全程追踪。具体来说，就是构建了一个智能化的数据平台，实时收集、处理和分析栾川至各地的贸易数据。平台通过大数据分析，清晰地掌握和展示栾川外发的产品流向。例如，可以准确得知栾川的矿产品主要发往哪几个省份，精准了解栾川的农副产品在全国的销售分布，以及各类产品的运输频次和季节性变化。这些信息不仅为栾川的商贸流通管理提供了科学依据，也为当地产业的发展提供了有力支持。

通过对这些数据的深入挖掘和反向分析，栾川发现了优化产业布局的新路径。例如，根据数据分析，栾川可以及时调整和优化矿产品的生产和运输策略，提升运输效率，降低物流成本。同时，基于全国市场对栾川农副产品需求的分析，栾川可以调整农业生产结构，增加市场需求大的产品种类，从而实现农业产业的升级和优化。

更重要的是，栾川将这些贸易数据进行了资产化处理，创造了新的经济价值。栾川整合不同部门和领域的数据资源，形成县域全面、统一的数据资产库。通过 AI 技术，进行深度数据分析和挖掘，形成了多个数据产品，大大提升了数据的价值。

数据链技术的应用及商贸流通数据资产化，使栾川在数字经济时代实现了“慧”发展，成为全国县域数字经济建设的典范。

第 15 章

互联融通：赋能服务与管理

如果说互联网 +，正以前所未有的广度和深度改变着我们的生活。数据资产化，则是“ + ”功能的关键密码，通过互联互通、融合共享，为公共服务和社会管理领域插上腾飞的翅膀。

15.1 文旅“云”上的数字光影

数据作为连接现实与未来的桥梁，正在将文旅产业引向一个更加智慧、高效、个性化的未来。这片充满潜力的领域，如今由数据的力量被赋予了全新的生命力和无限可能。我们不仅见证了文旅业态的重塑和服务模式的刷新，更重要的是，数据资产化正在重新定义文旅行业的价值链和生态圈。

用数据重构文旅新逻辑

在数字经济时代，文化和旅游业正面临前所未有的发展机遇和变革挑战。一方面，居民消费加速升级，个性化、品质化、体验式的文旅需求不断涌现；另一方面，文旅产业数字化转型方兴未艾，新业态新模式不断涌现，产业生态加速重构。在此背景下，如何利用大数据、人工智能等新兴技术，加快供给侧结构性改革，推动文旅产业提质增效，成为业界共同关注的热点话题。将数据要素与文旅产业深度融合，既是顺应文旅产业转型升级大势所趋，也是全面提升文旅服务智慧化水平的必由之路。

对于文旅产业而言，海量文旅资源数据、游客行为数据、服务反馈数据的汇聚，既是洞察游客需求、优化旅游产品的基础，也是精准营销、智能管理的利器。通过数据资产化，文旅企业可以实现从“以景点为中心”到“以游客为中心”，从同质化竞争到差异化发展，从粗放管理到精细运营，推动文旅产业实现从传统服务业向现代服务业的跨越式发展。

具体而言，数据资产化赋能文旅产业，主要体现在以下三个方面：一是赋能精准营销。通过分析游客年龄、性别、喜好、消费能力等用户画像数据，文旅企业可以精准把握细分市场需求，开发差异化、个性化的旅游产品，实现千人千面的精准推荐。二是赋能智慧管理。通过整合景区客流量、游览轨迹、服务质量等多源异构数据，文旅企业可以实现游客行为分析、客流预测预警、服务质量监测等智慧化应用，提高景区管理和服务水平。三是赋能产业融合。通过文旅数据与交通、气象、通信、金融等跨行业数据的融合，文旅企业可以创新产品业态，优化旅游体验，构建“吃住行游购娱”一体化的现代文旅消费生态。

事实上，数据资产化已经成为新时期推动文化和旅游深度融合发展的新引擎。党的十九届五中全会通过的《中共中央关于制定国民经济和社会发展第十四个五年规划和二〇三五年远景目标的建议》明确提出，推动文化和旅游融合发展，加快数字文旅创新。这为文旅产业数字化、智慧化发展指明了方向。在数据要素的驱动下，未来文化产业供给侧结构性改革将深入推进，创意设计、文化科技、数字出版等新型文化业态将加速崛起；旅游产业提质增效将不断加快，智慧景区、智慧酒店、在线旅游等新型旅游业态将蓬勃发展。文化和旅游将在数据融通、场景融合、业态融合中加速变革、协同发展，共同催生以文化为灵魂、以旅游为载体的新消费、新经济，为人民群众提供更加丰富、更有品质、更具个性的文旅消费体验。

案例 15－1　光明乳业：乳企巨头跨界“玩转”数据资产

近年来，光明乳业在数字资产领域持续发力。2023 年 6 月，光明乳业联合上海数据交易所发布首个数字资产“月前行，越光明”；9 月，又推出了带有郎平与袁莎签名寄语的“韵动”系列数字资产。2024 年 2 月 9 日，光明乳业与上海数据交易所携手跨入未知领域，为数字资产交易开辟新赛道。

此次合作的核心，是光明乳业首款与上海数据交易所合作发行的数字资产“龙耀追光·一‘订’光明”。这一数字资产的落地，经历了严谨的操作流程：

（1）资产选择与价值转化。光明乳业基于自身品牌价值和产品实力，精心挑选具有增值潜力的资产，通过数字化手段将其转化为可交易的数字资产。这一环节的关键在于，如何合理评估实体资产价值，并找到最优的数字化表达方式。

（2）技术支持与平台搭建。上海数据交易所作为合作的技术支持方，为“龙耀追光·一‘订’光明”数字资产的发行提供了全流程服务。这包括区块链底层架构搭建、智能合约设计、数字钱包开发等。同时，交易所还负责搭建数字资产交易平台，确保交易流程安全、高效、合规。

（3）市场推广与投资者教育。数字资产是一个全新的投资品类，面向市场推广时需要重点关注投资者教育。光明乳业与上海数据交易所通过线上线下多渠道宣传，向潜在投资者讲解数字资产的特点、优势与风险，提升市场认知度和接受度。

（4）发行销售与交易流通。2024 年除夕，“龙耀追光·一‘订’光明”数字资产正式向市场发售。得益于前期充分的准备和良好的市场预期，该数字资产一经推出便迅速售罄，显示了投资者对创新数字资产的追捧。交易过程基于上海数据交易所平台实现，确保了交易的公平、公正、透明。

“龙耀追光·一‘订’光明”数字资产的成功发行，是光明乳业与上海数据交易所跨界合作的里程碑式成果，开启了数字资产交易的新纪元，具有里程碑式的意义。这一合作不仅实现了实体经济与数字经济的深度融合，还为传统企业数字化转型、数字资产市场建设提供了宝贵经验。

锻造现代文旅产业“数据长城”

建设智慧文旅，离不开文旅大数据生态的培育和完善。当前，我国文旅行业数字化、网络化、智能化发展如火如荼，但各类数据“烟囱林立”“数据孤岛”等问题仍然突出，严重制约了文旅大数据价值的释放。未来，如何破除文旅数据壁垒，打通数据链、产业链、价值链，将成为智慧文旅建设必须直面的现实命题。

一是加快文旅大数据基础设施建设。文旅大数据中心是文旅数据汇聚共享、流通开放的关键节点。各地要围绕国家和区域文旅发展战略，科学规划布局一批文旅大数据中心，实现文旅数据的统一采集、分类管理和共享开放。要充分利用文旅部“智慧文旅云”等国家级平台，推动文旅数据跨地区、跨部门汇聚共享。要加快文旅领域5G、物联网、人工智能等新型基础设施建设，夯实数据采集、传输、存储、计算等数字底座。同时，要加大文旅领域关键技术攻关，在文物数字化、文化内容生产、智能导览等方面实现核心技术自主可控。

二是健全完善文旅大数据标准规范。技术和数据标准是文旅数据共享开放、业务协同的重要基础。要加快建立全国统一的文旅数据分类分级、采集共享、开放流通、隐私保护等标准规范，为文旅大数据管理提供制度遵循。要建立健全文旅数据质量管理体系，制定文旅数据准确性、及时性、关联性等质量标准，强化文旅企事业单位数据质量主体责任。要探索建立文旅行业数据字典和元数据标准，促进不同来源、不同类型数据的标准化汇聚和关联分析。要积极参与文旅大数据国际标准制定，推动形成全球互认、互联互通的国际标准体系。

三是营造良好的文旅大数据发展环境。文旅大数据发展既需要政府的有力引导，也需要市场主体的积极参与。政府要完善文旅大数据顶层设计，加强跨部门统筹协调，打破行业管理、区域管理的条块分割。要健全数据产权保护制度，明晰数据权属边界，维护企业和个人合法权益。要加快建设文旅大数据交易平台，培育数据交易、数据资产评估等专业化服务机构，为文旅数据资产化提供制度保障和市场环境。要加大财税、金融等政策支持力度，引导更多社会资本投入文旅大数据产业，推动文旅大数据创新创业蓬勃发展。

随着文旅大数据生态的不断成熟和完善，未来文旅产业发展将迎来从数字化到智能化再到智慧化的重大跃升。文旅数据采集将更加全面精准，文旅大数据中心将成为文旅资源配置的“中枢大脑”，文旅产业链各主体间的数据流动将更加顺畅，数字驱动的新业态新模式将不断涌现。

15.2　在“健康中国”路上数据同行

随着数字经济的加速发展，医疗健康行业正站在新的变革前沿。作为这场变革的核心驱动力，数据资产化正在重塑医疗健康领域的服务模式、管理体系及创新路径。通过深度挖掘和应用医疗健康数据，我们有机会实现从传统的治疗中心向预防、健康管理和个性化医疗的转变，为公众提供更加精准、高效、便捷的健康服务。

治病到“智”病的蜕变之旅

在数字经济浪潮中，医疗健康行业正面临前所未有的转型机遇和挑战。如何利用数据驱动医疗行业变革创新，破解行业发展难题，成为业界共同关注的热点话题。数据资产化无疑是这一命题的“关键密码”。将数据要素与医疗健康领域深度融合，既是顺应智慧医疗发展大势所趋，也是全面提升群众就医获得感的必由之路。

对于医疗健康行业而言，海量的临床数据、基因组数据、医保数据等，既蕴藏着极其丰富的医学研究和临床应用价值，也是创新医疗服务、优化行业管理的关键所在。通过数据资产化，医疗机构、医保部门、科研院所等可以打破数据壁垒，实现数据共享互通、关联分析，从而推动疾病预测预防、诊疗方案优化、药物研发创新等医疗模式变革，为患者提供更加精准、高效、个性化的医疗健康服务。

具体而言，医疗健康数据资产化主要体现在以下三个维度：一是赋能临床诊疗。通过整合电子病历、影像、病理等临床数据，利用人工智能、机器学习等技术进行深度挖掘，可以辅助医生进行疾病诊断、预后判断、治疗方案制订，从而大幅提升诊疗效率和精准度。二是赋能医学研究。通过多组学数据关联分析，研究人员可以更加全面地解析疾病发生机理，为精准医学、药物研发、医疗器械创新等提供有力支撑。三是赋能健康管理。通过对个人全生命周期的医疗健康数据进行分析，可以精准评估个人健康风险，制订个性化健康管理方案，从而实现疾病的早预防、早发现、早治疗。

事实上，医疗健康数据资产化是推动分级诊疗、健康中国建设的重要基石。党的十九大报告提出，实施健康中国战略，深化医药卫生体制改革，全面建立中国特色基本医疗卫生制度、医疗保障制度和优质高效的医疗卫生服务体系。医疗健康数据的汇聚共享和创新应用，正是实现上述目标的关键支撑。通过数据驱动，不仅有助于缓解优质医疗资源不足的矛盾，推动分级诊疗体系建设，还可以从“以治病为中心”转向“以健康为中心”，从“单打独斗”走向多学科协作，构建大健康、全周期的健康服务业新业态，切实提高人民群众健康水平。

案例 15-2 沪蓉两地：跨域协同的“互联网+医疗”新生态

医疗健康数据是国家重要的基础性战略资源。随着行业的不断发展和规范政策的相继出台，医疗健康数据的应用场景日益丰富，发展空间不断拓展。2022年发布的《“十四五”全民健康信息化规划》更是将“完善健康医疗大数据资源要素体系”作为重点任务予以推进部署。

为推动医疗健康数据赋能智慧医疗，提升企业数据挖掘应用能力，2022年8月29日，上海数据交易所在四川成都举办DSM系列活动——医疗健康数据生态建设专题供需对接会——共话医疗健康数据合规流通与交易活跃，探讨智慧医疗高质量发展之路。会上，上海数据交易所围绕医疗健康数据价值挖掘，重点开展以下三项工作：

（1）数据产品挂牌。至本医疗、药融云、新致软件、中图共4家企业的优质医疗健康数据产品在上海数据交易所集中挂牌，并举行了挂牌证书颁发仪式。这标志着上海数据交易所在拓展医疗健康垂直领域数据产品、丰富交易品类方面迈出了坚实一步。

（2）数商资质认证。智信科技获颁上海数据交易所第三方数商证书。数商是数据交易服务商的简称，代表着企业在数据采集、加工、应用等环节的专业服务能力。此次智信科技获得数商资质认证，将有助于其发挥行业优势，撮合更多医疗健康数据交易，为上海数据交易所注入发展新动能。

（3）企业机构互动。除本地医疗健康领域数据要素型企业、服务商和研究机构外，来自上海的数之客科技、浦东数商云港、上海群欢投资等企业机构也受邀与会。上海数据交易所搭建起沪蓉两地数据要素型企业的对接桥梁，为加强跨区域合作、共建医疗健康数据生态奠定了基础。

通过举办本次供需对接会，上海数据交易所在推动医疗健康行业数据要素流通、释放数据价值方面取得了积极成效：

（1）丰富优质数据产品供给。药融云、新致软件等头部医疗健康数据企业携BCPM中国药品批文查询、药品集中采购、中国临床试验等产品亮相，进一步丰富了上海数据交易所在医疗健康垂直领域的数据产品矩阵，为广大数据需求方提供了更多优质选择。

（2）促进医疗健康数据交易。通过集中挂牌、供需对接等环节，盘活了一批“沉睡”的医疗健康数据资产，提升了数据产品的知名度和曝光度，加速了医疗健康数据要素的市场化流通与配置，为智慧医疗发展注入了源头活水。

（3）加强沪蓉两地产业协同。此次活动吸引了四川医疗健康领域的诸多机构参与，与上海数据企业展开深入互动。这不仅有利于提升上海数据交易所服务西部地区的辐射力，更为沪蓉两地医疗健康数据产业协同发展搭建了桥梁，对深化区域合作、优化产业布局具有重要意义。

（4）为行业数字化转型探路。医疗健康行业数字化转型亟须可复制、可推广的实践样本。上海数据交易所此次活动所形成的合作模式、挂牌机制等，为业内探索数据要素流通、推进数字化转型积累了宝贵经验，对于加快健康中国、智慧医疗建设进程具有示范意义。

综合来看，上海数据交易所 DSM 医疗健康数据生态建设专题供需对接会的成功举办，为沪蓉两地医疗健康数据产业协同发展开启了崭新篇章。在“互联网 + 医疗健康”加速演进的时代背景下，数据已成为驱动医疗行业变革的关键要素。打通数据壁垒，畅通数据流通渠道，已成为业界的普遍共识。

打造数据驱动的“健康中国”新底座

医疗健康数据资产化，是通向智慧医疗的数字丝绸之路。从单一到融合，从封闭到开放，其中有艰难险阻，更有无限希望。当前，我国医疗健康领域数据开发利用已迈出坚实步伐，但不同医疗机构、部门间的数据孤岛问题仍有待破解，数据标准规范、安全保护、流通交易等体制机制有待进一步完善。未来如何打造医疗健康大数据国家战略资源库，推动医疗健康数据高效流动和价值转化，将成为智慧医疗突围发展的关键所在。

一是加强统筹规划引领。党的十八大以来，国家高度重视健康事业发展，把健康中国建设摆在突出战略位置。各级政府要以健康中国战略为总揽，制定出台医疗健康大数据发展规划，加强医疗、医保、医药、健康等多领域数据的汇聚共享。要建立政府主导、多方参与的协调推进机制，加强医疗健康信息化标准规范建设，提高医疗数据分类管理和安全保障水平。要出台配套政策，加大财政金融支持，为医疗健康数据资产化营造良好发展环境。

二是打造国家战略资源库。医疗健康大数据中心是整合共享医疗健康数据资源、开展创新应用的关键支撑。要加快布局建设国家、区域两级医疗健康大数据中心，形成数据汇聚共享、数据分析挖掘、行业监管决策的枢纽载体。要整合人口健康信息、电子病历、医保结算等数据资源，推进全民健康信息平台建设。要发挥互联网医院的数据集聚功能，打通线上线下数据通道。要加快人口健康信息互联互通，促进医疗服务、公共卫生、医疗保障、药品供应、行业管理等全领域数据融合应用，真正实现“数据多跑路，群众少跑腿”。

三是强化数据安全保护。医疗健康数据直接关系患者生命安全和隐私权益，必须强化全流程安全防护。要制定医疗健康数据分级分类管理制度，明确重要数据、敏感数据的界定标准，细化采集、传输、存储、使用等环节的安全防护要求。要加快培育第三方数据安全评估机构，建立医疗健康数据安全认证体系。要加强技术手段建设，提升数据脱敏、加密存储、隐私计算等数据安全处理能力。要完善配套法律法规，明确医疗数据产权界定、隐私保护等制度规范，切实维护好患者合法权益。

四是培育医疗健康数据市场。充分发挥市场配置资源的决定性作用，加快培育数据要素市场化配置机制，是盘活医疗健康数据这一“沉睡的金矿”的治本之策。要加快建设全国统一的医疗健康大数据交易平台，为各类市场主体开展数据交易提供一站式服务。要引导培育医疗数据代理机构，为医疗机构提供数据资产评估、交易撮合等专业化服务。要支持“医疗 + 互联网”企业创新发展，加快孵化一批掌握核心技术、具备数据运营能力的行业龙头。要完善产学研一体化创新机制，加强医疗健康数据深加工，打通数据创新应用“最后一公里”。

面向未来，我们欣喜地发现，数据资产化正为医疗健康插上腾飞之翼。随着健康医疗大数据发展不断深化，全民健康信息平台逐步完善，医疗健康与互联网、大数据、人工智能的融合持续推进，一个由政府引导、市场驱动、社会参与的医疗健康数据生态体系正在加速构建。

15.3 数据点亮生命应急通道

在信息技术飞速发展的今天，数据已成为点亮生命应急通道的重要“新神器”。面对自然灾害和社会突发事件带来的挑战，传统的应急管理模式已难以满足快速、精准地响应需求。此时，数据资产化显得尤为重要，它不仅可以提高应急响应的效率和效果，而且能够为决策者提供科学的分析和指导。

■ 大数据应急“新神器”

在全球灾害事故多发频发、风险挑战复杂严峻的大背景下，应急管理工作面临前所未有的考验。传统应急管理模式下，信息获取不充分、预警响应不及时、指挥协调不顺畅等问题日益凸显，亟须创新理念和手段，提升应急管理的前瞻性、精准性和高效性。

对应急管理而言，灾害事故多发、情况复杂多变，涉及自然环境、基础设施、人员伤亡等诸多要素。各类应急管理数据的获取与融合，事发地区的自然地理、人口分布等基础数据的支撑，直接关系到应急指挥决策的科学性、应急处置的时效性。而数据资产化正是提升应急管理数字化转型、智能化升级的“牛鼻子”。通过数据驱动，应急管理部门可实时感知灾情变化，精准研判重大风险，优化调度救援力量，不断提升应急管理的系统性、整体性、协同性，最大限度地保障人民群众生命财产安全。

具体而言，数据资产化为应急管理赋能，主要体现在以下三个方面：一是赋能监测预警。通过物联网、视频监控、北斗导航等手段，对自然灾害、事故灾难、公共卫生等风险隐患进行全天候、全方位、全过程监测，并运用大数据、人工智能等技术对监测数据进行关联分析，构建多灾种、大范围的智能预警模型，做到灾害风险早发现、早预防、早处置。二是赋能辅助决策。通过对灾情信息、地理信息、人口信息、救援力量等关键要素数据的整合分析，为应急指挥人员提供可视化、一张图的辅助决策功能，帮助科学制订救援方案、优化调配资源、高效指挥行动，最大限度降低人员伤亡和财产损失。三是赋能综合评估。通过对灾情损失、救援行动、物资使用等各环节数据的采集汇总，借助大数据分析技术开展灾情会商、损失评估等工作，并为事后总结、预案修订、能力提升等提供精准的数据支撑。

事实上，数据资产化已上升为应急管理领域的国家战略。从国家防汛抗旱指挥系统到国家森林草原火险预警监测系统，从国家自然灾害防治大数据应用平台到国家安全生产风险监测和预警系统，一系列国家级应急管理数据平台的建设和应用，正是数据资产化理念在应急管理领域的生动实践。

案例15-3　广东交通：为应急管理插上腾飞之翼

广东省作为交通大省，高度重视交通数据资源的开发利用。2023年，广东省发布了《广东省培育数据要素市场行动方案》，明确提出推进数据资源资产化，鼓励国有企业在数据确权、定价和交易方面先行试点。在此背景下，广东省交通集团有限公司（以下简称广东交通集团）所属的广东联合电子服务股份有限公司（以下简称联合电服公司）于2024年1月1日正式将数据资产计入财务报表，成为国内首批实现数据资产入表的企业之一。作为交通行业数字化转型的排头兵，联合电服公司此次数据资产化的突破性进展，为全行业乃至全国培育数据要素市场树立了新标杆。

联合电服公司此次实现数据资产入表，是国有交通企业践行数字化发展战略、深化数据治理体系和治理能力现代化的标志性成果，主要经历了以下几个关键环节：

（1）搭建数据中台，夯实数据管理基础。联合电服公司高瞻远瞩，早在2019年就成立了专门的“数据中心”，在全国同行业中率先采用双中台架构，制定了一系列数据资源开发利用制度，打造出了全国规模最大的省域高速公路大数据平台。通过数据汇聚、治理、开发、应用等系列探索实践，公司掌握了海量高质量的交通数据资源，形成了高速运营、车主服务、路网交通等六大数据产品线共62项应用产品，为政府部门和行业企业提供了精准数据服务，奠定了数据资产化的坚实底座。

（2）明晰数据权属，完善数据资产管理体系。在探索数据业务发展过程中，数据资源如何确权、治理和计价是兑现数据流通价值的关键。2023年，联合电服公司前瞻性地提出“数据资产入表路径研究与实践”挂榜揭榜项目，系统梳理了数据资产确认、评估、计量与披露等关键环节。公司搭建了涵盖数据来源、内容、处理、管理、经营等维度的数据合规体系，确保数据资源的合法合规；同时，结合实际制定了入表资产类别判断、计量、列表与披露的核算管理体系，为数据资产化提供了制度遵循。

（3）聚焦成熟应用，推动数据资产落地入表。联合电服公司在夯实数据管理基础的同时，积极推动具备成熟商业价值的数据应用项目资产化。公司专班推进已具备市场竞争力的广东省高速公路出口、入口及路网车流量数据服务项目，从立项、人工成本投入、上线验收等环节规范核算，最终于2024年1月1日成功将数据资产入表，为盘活存量、做强增量奠定了基础。

（4）促进数据流通，深化数据要素市场化配置。数据资产入表只是破题第一步，如何实现数据价值变现、释放数据红利才是根本目的。联合电服公司积极对接国家级大数据交易平台，于2023年12月在上海数据交易所成功挂牌“高速公路重点车辆监控”“高速公路车流量”等11个数据产品，实现场内交易近百万元。通过市场化手段推动数据资源有序流通，公司进一步深化了数据供给侧结构性改革，为构建全国统一、竞争有序的公共数据资源交易市场探索了可资借鉴的“广东方案”。

可以说，联合电服公司在数据资产化进程中形成的应急管理数据产品和解决方案，必将进一步提升行业的风险防控、应急处置、协同联动水平，助力交通运输行业打造本质安全、智慧高效的现代化应急管理体系。随着联合电服公司数据资产在上海数据交易所等平台的流通交易，这些应急管理数据也将通过市场化机制惠及更多地区和部门，为提升国家应急管理能力、守护人民群众生命财产安全贡献“数智”力量。

智慧应急新生态正在形成

应急管理，使命光荣，责任重大。我国正处于自然灾害频发期、事故灾难易发期的历史阶段，各类风险因素交织叠加，应对任务异常繁重。这对应急管理工作提出了更高要求，迫切需要打破传统思维定式，树立风险和应急并重、防灾和救灾并举、常态和非常态结合的新理念。数据资产化正是推动这一理念变革的关键支点。在促进应急管理数据确权授权、流通交易、高效利用的过程中，一个多方协同、高效运转的智慧应急新生态正在孕育生成。

应急大数据中心建设是打造智慧应急新生态的关键。应急管理部门要加快推进“国家—省—市—县”四级应急管理大数据中心建设，加强电信、气象、自然资源等多源数据的汇聚共享，打通基层网格员、现场指挥员、数据分析员的数据链条。要充分发挥大数据中心的智慧大脑作用，运用知识图谱、机器学习等技术，提升对各类风险隐患的发现、评估、预警、处置能力。同时，要推动应急大数据中心与公安、交通、电力、通信等部门的数据中心实现互联互通，强化数据跨部门、跨区域共享，进一步提升风险研判和应急响应的协同性。

构建统一规范的应急数据标准体系也至关重要。目前，我国应急管理数据仍存在标准不一、质量参差不齐等问题，亟须加快构建全国统一的应急数据分类分级、采集共享、开放流通等标准规范。要充分借鉴国际标准和行业标准，制定灾情信息、抢险救援、救援物资等关键数据的采集规范，明确数据质量评估的关键指标。要加快建立健全应急管理元数据、主题数据库标准，为多源异构数据的关联分析提供坚实基础。要加强与公安、气象、水利、地震等部门的数据标准对接，推动形成多部门协同、全社会参与的应急数据标准化工作新格局。

数据安全问题事关应急管理的生命线。应急管理数据中不仅涉及重要的国家基础设施数据，而且涉及广大灾区群众的个人隐私数据，必须强化应急数据全生命周期的安全保护。要建立灾区视频图像、无人机航拍等应急数据的分级分类管理制度，明确重要敏感数据的采集、传输、存储环节的技术要求。要加强应急指挥信息系统的网络安全防护，严格落实等级保护、风险评估等制度，筑牢系统安全防线。要健全应急管理数据脱敏、数据授权、数据追溯等管理机制，最大限度地降低隐私数据泄露风险。要加快培育第三方应急数据安全评估机构，为数据安全保驾护航。

放眼未来，随着新一轮科技革命和产业变革的深入推进，大数据与应急管理实践的融合将不断走向纵深。物联网、人工智能、区块链、元宇宙等新技术将不断赋能应急管理，数字孪生、智能语音助手、无人机集群等新场景将不断涌现，由数据驱动的风险感知、灾情研判、辅助决策、现场指挥等应急管理新模式将遍地开花。大数据、大系统、大应用、大产业并举，线上线下、虚拟现实融合发展的智慧应急新格局正在逐步形成。

第 16 章

智慧生活：构建城市新生态

城市，人类文明的结晶，创新的摇篮，梦想的栖息地。如今，当数字化、网络化、智能化的浪潮席卷全球，一场以数据为核心驱动力的智慧城市变革正在全面重构城市的运行逻辑、管理模式和生活方式。

16.1 城市从数字化到智慧化的蜕变

在数字化浪潮的推动下，城市从数字化向智慧化蜕变已成为全球性趋势，这一转变不仅是技术升级的结果，更是对城市生活质量持续改善的追求。在这个过程中，数据资产化扮演了至关重要的角色，它不仅优化了城市管理，促进了产业升级，还实现了资源的高效配置，推动了经济社会的全面发展。

解码城市智慧基因

随着新一轮科技革命和产业变革的深入推进，数字经济日益成为引领全球经济社会发展的重要力量。作为数字经济的核心要素，数据正深刻重塑着城市发展理念、治理模式和服务供给。将数据要素与城市规划、建设、管理、服务等环节深度融合，用数据力量驱动城市数字化、网络化、智能化转型，已成为世界各国竞相探索的战略选择。智慧城市建设，正是这一数字变革浪潮中最为瞩目的缩影。通过汇聚政府治理、公共服务、商业活动等各领域数据，推动城市运行各要素的全面感知、实时分析、动态优化、精准决策，智慧城市建设正在为破解“大城市病”、提升城市综合承载力、塑造高质量发展新动能注入源源不竭的数字动力。

智慧城市的本质内涵，在于以数据驱动的方式重构城市系统的内在联系，实现从数据到洞察、从洞察到决策、从决策到行动的闭环运转。这一理念的根本所在，正是数据资产化，即将数据作为关键生产要素，通过数据的确权、开放、流通、交易等环节，充分释放数据价值，推动数据成为驱动城市高质量发展的“新引擎”。从这个视角来看，智慧城市建设与数据资产化是相互依存、相互促进的有机整体。一方面，各类城市数据的汇聚共享，是智慧城市建设的前提和基础；另一方面，智慧城市建设为城市数据资产化提供了广阔舞台和实践样本。两者相互交织，共同编织出一幅波澜壮阔的城市数字化变革图景。

具体来看，智慧城市数字资产化主要通过三条路径推进。一是“城市数字底座”奠基。依托物联网、边缘计算、人工智能等技术，构建全面感知、智能处理的数据汇聚体系，为智慧应用提供数字化、网络化支撑。二是“数据共享开放”接续。打通政务、社会、商业等各领域数据孤岛，建立统一规范的数据资源体系，让数据在部门间、区域间、主体间实现互联互通、协同流动。三是“数据价值转化”落地。探索建立数据确权、定价、交易等机制，培育数据要素市场，推动数据资产向现实生产力转化，催生数字驱动、融合发展的新业态、新模式。

可以说，数据资产化是智慧城市建设的主线，也是城市数字化转型的必由之路。在我国，北京、上海、广州、杭州、深圳等城市作为智慧城市建设的先行者，正在积极探索数据资产在城市管理和服务创新中的崭新应用场景，以期为全国智慧城市建设提供示范样板。

案例16－1 衡水生态环境局：数据助力绿色发展

衡水市作为京津冀地区重要的生态屏障和水源涵养区，高度重视生态文明建设。近年来，衡水市生态环境局大力加强环境监测网络建设，建成了覆盖大气、水、土壤、固废等领域的全方位监测体系，日均汇聚数据量达1万多兆字节。为充分挖掘这些数据的应用价值，助力绿色发展，2023年起，衡水市生态环境局开始探索生态环境数据的价值化之路。

在此背景下，中国节能环保集团有限公司旗下的中节能数字科技有限公司（以下简称中节能数字科技）作为衡水市生态环境局的合作伙伴，与其携手开启了生态环境数据要素的创新应用之旅。双方联合研发的首款数据产品"企业绿色等级评估"于2023年12月27日在北京国际大数据交易所正式挂牌，开创了生态环境数据产品化、市场化运作的先河。

衡水市生态环境局与中节能数字科技联合开发生态环境数据产品，是政企携手推动数据要素市场化配置、赋能绿色发展的生动实践。其主要实施过程如下：

（1）生态环境数据盘点与分类。衡水市生态环境局依托环境监测网络，积累了海量的生态环境数据资源，涵盖污染源在线监测、分表计电、环保执法、环境影响评价、排污许可、环保信用等诸多方面。为高效利用这些数据，中节能数字科技对其进行了系统梳理和分类，并结合企业经营相关数据，构建起多源异构的生态环境大数据库，为后续数据产品开发奠定了坚实基础。

（2）数据价值模型构建。在完成数据盘点分类后，双方联合攻关团队着手研发"企业绿色价值识别模型"。该模型综合运用人工智能算法，从企业生产运营、能源消耗、污染物排放、环保守法、绿色信用等多个维度，对企业的绿色发展水平进行全面评估，最终将企业绿色等级划分为四个梯度。通过数据驱动的科学评估，该模型能够精准刻画企业的环境友好度，为金融机构识别绿色企业、控制环境风险提供了有力抓手。

（3）数据产品开发与挂牌。基于“企业绿色价值识别模型”，衡水市生态环境局与中节能数字科技共同开发了“企业绿色等级评估”数据产品。该产品以企业绿色等级评估报告的形式，直观呈现企业的环境表现和绿色发展潜力，能够显著提升金融机构的风险管理和绿色金融服务能力。2023 年 12 月，在北京国际大数据交易所的助力下，这款革新性的生态环境数据产品成功挂牌，标志着衡水市在盘活绿色数据资产、促进生态环保数据价值流通方面迈出了关键一步。

（4）绿色数据创新应用探索。“企业绿色等级评估”数据产品上线后，很快吸引了衡水银行的关注。看中该产品在支持绿色信贷、管控环境风险方面的独特价值，衡水银行与中节能数字科技签署了数据合作协议，成为首批应用这一数据产品的金融机构。双方还计划进一步拓展绿色数据的应用场景，围绕企业环境权益质押，开发包括排污权融资、碳排放权融资在内的创新型绿色金融产品，以数据之“绿”催生金融服务实体经济的源源活水。

（5）生态环境数据开发持续深化。随着首款生态环境数据产品的成功落地，衡水市生态环境局与中节能数字科技的合作也在不断深化。2024 年 3 月，双方就第二款产品“企业绿色保险风险等级评估”开展了深度沟通。该产品聚焦企业环境污染风险的严重程度，能够输出风险等级标签，为环境污染责任保险的设计和定价提供精准依据。未来，双方还将在数据要素资本化领域继续发力，将企业的环境权益打造为新型担保物，拓展绿色信贷的应用新边界。

在数字经济浪潮下，各地纷纷将数据作为“新型基础设施”，加快推进政府数据开放共享，培育数据要素市场。生态环保领域积累的海量数据资源，是盘活政府数据宝库的关键所在。从这个意义上说，衡水市“政企携手、多方参与”推动生态环保数据产品化的创新实践，为全国各地开发利用生态环境数据资源、赋能经济社会绿色转型提供了鲜活样本。

智慧城市的三大进化路径

回望智慧城市建设的壮阔征程，从顶层设计到体制机制再到场景应用，我国智慧城市发展取得了长足进步。然而也要看到，当前智慧城市发展仍面临诸多困难和挑战。在推进城市数字化转型的道路上，如何加快构建共建共享、协同联动的数字治理新生态，将成为智慧城市能否行稳致远的关键。

推进智慧城市数据资产化，构建全域、全量、全时数据资源体系是题中之义。这需要在国家层面加快建立政府、社会、市场等多元主体广泛参与的大数据共享交换机制，依法依规推动公共数据和社会数据的汇聚共享，打破部门间、层级间、区域间的数据壁垒。同时，要加快培育数据要素市场，探索建立城市数据资源目录和分级管理制度，推动数据资产确权、分类、定价、交易、流通，不断提升数据资产管理的规范化、市场化水平。要建立健全数据安全与个人隐私保护制度，明确数据采集、传输、存储、使用、销毁等各环节的安全责任，切实保障数据安全和公民合法权益。

提升跨部门、跨层级、跨区域的协同联动也至关重要。智慧城市是一项复杂的系统工程，需要各级党委政府的高位推动，需要规划、建设、管理等多个部门通力合作，更需要政府、企业、社会组织等多元主体协同配合。要加强党的领导，成立市级智慧城市建设领导小组，加强顶层设计和统筹协调。要深化“放管服”改革，加快政府职能转变和流程再造，打破部门间“信息孤岛”，强化数据资源的共享共用。要完善数字平台的整合共享机制，推动多元数据跨层级、跨部门、跨业务流动，实现“一网通办”“一网统管”。要创新公私合作模式，支持龙头企业、科研院所等参与智慧城市建设运营，激发市场主体活力。

统筹布局智慧城市标准规范体系是提升数字治理效能的关键支撑。要加快建立全国统一的智慧城市建设标准规范，从整体框架到数据标准、管理标准、技术标准，形成科学严谨、开放兼容的标准引领体系。要建立健全智慧城市的评价指标和评估机制，加强绩效考核和第三方评估，引导各地因地制宜、务实推进。要加强国内国际标准互联互通，主动参与智慧城市国际标准制定，不断提升我国在全球智慧城市建设中的话语权和规则制定权。此外，还要注重发挥行业组织、科研机构、智库媒体等的桥梁纽带作用，加强智慧城市建设的理论研究、技术攻关、经验总结，为智慧城市高质量发展提供强大的理论支撑和舆论支持。

16.2 数据让气象预测预报更“智慧”

当今信息化和数字化加速发展的背景下，在气象预测和预报领域，数据资产化正成为破解传统气象服务局限、提升气象预测精确度和应急响应能力的关键。

破解传统气象业务“数据困局”

气象，是人类生产生活中不可或缺的一部分。从农耕到工业，从交通到旅游，从防灾减灾到生态文明建设，气象服务无时无刻不影响着经济社会发展的方方面面。然而，传统的气象业务模式已难以适应日益多样化、精细化、智能化的社会需求。海量气象数据的获取、管理和应用中，“信息孤岛”“数据烟囱”等问题仍然突出，数据共享壁垒森严，数据价值转化乏力。破解这一困局，实现气象现代化转型，数据要素的盘活和资产化大有可为。

气象大数据资产化，即将气象数据这一巨大资源变为可确权、可计量、可交易的有形资产，通过数据的采集、加工、流通、应用等环节，最大限度挖掘和释放气象数据的内在价值。对于气象部门而言，通过卫星遥感、雷达探测、自动站、浮标、无人机等多源感知，每时每刻都在产生着海量气象数据。这些数据蕴藏着极其丰富的气候变化规律、天气演变趋势等物理信息，通过数据挖掘、机器学习等技术手段，可以大幅提升气象监测和预报预警的时效性、精细化水平，做到灾害性天气早发现、早预警、早防范。

这样处理对于提升防灾减灾和应急管理能力具有重要意义。通过气象大数据与水文、地质、海洋等多源数据的融合，可实现对台风、暴雨、干旱、雪灾等极端天气气候事件的精准预警和风险评估，为政府科学决策、精准调度提供有力支撑。同时，气象大数据还可应用于应急预案编制、救援力量调配、灾后评估等各个环节，最大限度地减轻灾害损失，保障人民群众生命财产安全。

同时，通过气象数据与经济数据的深度融合，可精准刻画天气气候变化对农业、工业、服务业等不同行业部门的影响，实现精准调控和靶向施策。比如，农业气象大数据可应用于农作物长势监测、病虫害预警、农事活动指导等领域，打造数字农业新模式；能源气象大数据可优化新能源电力调度，助力碳达峰、碳中和；交通气象大数据可服务于智慧交通、自动驾驶等新业态，保障出行安全；旅游气象大数据可为景区客流预测、舒适度评价等赋能，提升游客体验。气象大数据正成为服务实体经济高质量发展的新引擎。

案例16-2　成都数据：探索数据资产化的“西部样本”

不久前，成都市属国有企业成都数据集团作为成都市数据要素市场一级开发主体和数字经济生态营造者，率先完成数据资产入表0到1的关键一步，成为西南地区首批数据资产入表企业。

根据《数据资产入表规定》要求，成都数据集团基于公共数据运营服务平台运行产生的数据，经过资产认定、合规评估、经济利益分析、成本归集与分摊等环节，率先完成数据资产入账，后期将进行相关披露。

具体来看，成都数据集团数据资产入表的实践主要包括以下几个方面：

（1）邀请专家，理论支撑。早在2023年9月，成都数据集团就邀请到清华大学社会科学学院经济学研究所、中国工业互联网研究院和信永中和会计师事务所，就数据业务路径、数据资源管理、数据价值挖掘及会计处理进行了研讨，为数据资产入表提供了理论指导。

（2）总结方法，破解难题。成都数据集团与业务主管部门、律所与会计代表以及科研机构持续深入探讨，总结出数据资产入表“三阶七步”方法论，即通过盘点数据资源、确定数据所有权、权属管理与许可、合规评估与风险管控、经济利益分析、成本归集与分摊、会计核算与披露等七个步骤，分三个阶段完成数据资产入表，突破了数据资产入表的实务难题。

（3）创新机制，激活数据。成都数据集团将推出城市级数据要素流通服务平台，其中将引入数据资产入表服务板块，支持企业开展数据资产入表实践，提供包含入表、合规、估值、披露、评估等功能的数据资产化一站式服务，推动实现数据资产价值。

成都数据集团数据资产入表的实践路径，为西南地区开展数据资产化工作提供了可复制、可推广的范例。通过理论探索、方法总结、机制创新等系列举措，成都数据集团探索出了一套行之有效的数据资产化方法论，为其他企业开展数据资产化提供了实践指引。

成都数据集团数据资产入表案例，是西南地区加快推进数据资产化的创新实践，是全国数据资产化工作的生动缩影，对于推动数据要素市场化配置、促进数字经济高质量发展具有重要意义。

国家战略气象大数据生态初现

气象大数据的广泛应用，为气象现代化按下了“快进键”。但也要看到，当前气象大数据发展还面临诸多困难和挑战。部门间数据共享不足、基础数据标准不一、数据质量参差不齐、数据安全有待加强……这些问题制约了数据要素在气象及相关行业间的顺畅流动和价值转化。对此，我们要立足数字经济时代特征，以高质量发展为主题，以供给侧结构性改革为主线，着力打造协同、开放、共享的气象大数据生态，为智慧气象长远发展奠定坚实基础。

构建国家级气象大数据枢纽，是打造现代气象大数据生态的关键支点。气象部门要积极统筹国家级、区域级气象大数据中心建设，依托“智慧气象”国家重大工程，加快气象大数据平台建设步伐，实现气象数据高效汇聚、共享开放、应用创新。要整合卫星、雷达、地面站等多源观测数据，对准农业、水利、交通、应急等关键领域需求，形成若干气象大数据的行业应用支撑集群。要打通部门间数据壁垒，推动气象与水文、环境、交通等多源数据的汇聚融合，提升跨部门、跨领域的气象大数据分析应用水平。

夯实气象数据资源体系，是搭建现代气象大数据生态的重要基石。要遵循全面感知、融合共享、智能应用的总体思路，加快实现气象观测网格化、预报制作智能化、服务产品定制化。在数据汇聚方面，要加快推进气象信息高速公路建设，打造覆盖全国、贯通省市县的气象数据聚合通道。在数据共享方面，要制订气象数据共享开放总体方案，明确共享数据的范围、标准、流程，建立部门间数据共享利用的激励和考核机制。在数据应用方面，要聚焦重点行业领域，加快推进气象大数据在防灾减灾、应急管理、乡村振兴等领域的深度应用，打造一批有影响力的气象大数据融合应用示范项目。

提升数据要素价值转化能力，是激活现代气象大数据生态的必由之路。气象部门要主动对标数字经济发展需求，加快构建气象数据采集、开发利用、流通交易等政策标准，为数据提质增效、价值转化扫清障碍。要建立健全气象数据资产管理制度，明晰数据产权归属和使用权限，加强数据资产的统计核算和价值评估。要完善气象数据定价机制，促进气象数据资源向现实生产力转化。要培育壮大气象数据交易市场主体，鼓励社会资本参与气象大数据平台建设运营，加快形成多元化的气象数据流通交易格局。

展望未来，数智融合正重塑气象事业发展新图景。特别是新技术新应用的迭代交融，将驱动形成全时空、全要素、全链条的智慧气象服务，为百姓生活、经济发展、社会治理提供更加精准、便捷、高效的气象信息服务。

16.3 数据点亮碳中和之路

在碳达峰、碳中和的宏伟征程上，数据不仅是航标灯，更是引擎。中国已经明确提出实现碳中和的目标，彰显了对全球环境治理的坚定承诺。实现这一宏伟目标，无疑需要跨越传统发展模式的局限，深化对绿色低碳转型的理解和实践。

双碳目标的数字化“路线图”

当前，全球气候变化加剧，低碳发展势在必行。中国作为负责任大国，积极应对气候变化挑战，向世界庄严承诺力争 2030 年前实现碳达峰、2060 年前实现碳中和。这是着眼人类文明发展全局作出的重大战略决策，是构建人类命运共同体的庄严承诺。要完成这一目标，必须推动经济社会发展全面绿色低碳转型，走生态优先、绿色低碳的高质量发展道路。数据，正是撬动这一变革的关键杠杆。

从宏观层面来看，绿色低碳数据资产化可以为国家“双碳”目标实施精准导航、智慧赋能。通过梳理各行业能源消费总量和强度、温室气体排放总量和强度等数据，运用大数据分析等手段，可科学评估“双碳”目标完成进度，预判未来碳达峰、碳中和趋势，进而在产业布局、能源结构、技术路线等方面制定综合性政策，因地制宜、分类施策。比如，通过对钢铁、化工等重点行业的产能、工艺、耗能等数据进行碳排放评估，合理划分“双控”目标，引导产业加快绿色化、低碳化改造；通过对风电、光伏等可再生能源的发电量、消纳量等数据进行关联分析，优化新能源开发布局，破解弃风弃光难题，推动能源结构优化升级。数据的系统集成和深入分析，将为绿色转型决策提供更加科学、精准的依据。

从中观层面来看，绿色低碳数据资产化可以驱动企业生产方式和商业模式变革创新。通过全面采集企业能源消耗、资源投入、污染排放、碳足迹等数据，并与上下游企业数据打通，运用物联网、区块链等技术，就能构建起覆盖采购、生产、销售、回收等环节的绿色供应链管理体系。在这一体系中，数据将成为溯源企业碳排放的“身份证”，监管企业节能减排的“晴雨表”，优化企业资源配置的“智慧大脑”。一方面，依托数据构建的质量可追溯体系，将倒逼上游供应商加强环境管理，带动产业链整体绿色化水平提升；另一方面，基于供应链大数据的智能分析，可挖掘工艺流程、设备选型的节能潜力，实现能耗精细管控，资源高效利用。宁德时代通过对原料采购、电池生产、仓储物流等供应链环节的数据进行采集整合，优化资源循环利用，单位电池碳排放强度较行业平均水平降低 12%。由此可见，数据正在成为引领绿色供应链变革的“新动能”。

从微观层面来看，绿色低碳数据资产化正在重塑个人生活方式和消费观念。随着绿色环保意识觉醒，公众参与碳减排的自觉性、主动性日益增强。通过汇聚个人衣食住行等方方面面的碳排放数据，并提供个性化的低碳生活方案，将激发亿万居民从衣着饮食、居住出行等微观领域参与绿色行动。比如，“蚂蚁森林”通过将个人低碳行为数据化，开展互动积分和虚拟树种养成，调动了 5 亿用户减排积极性，2022 年实现减排 1560 万吨。再如，美团通过对消费者外卖订单、配送距离等数据智能分析，对配送路线实时优化，2021 年绿色骑手日均减少碳排放 7.24 吨。

案例 16－3　浙江电力：为绿色金融插上腾飞之翼

近日，受国网浙江省电力有限公司子公司——国网浙江新兴科技有限公司委托，浙江大数据交易中心联合浙江中企华资产评估有限公司、中国质量认证中心，按照中国资产评估协会《数据资产评估指导意见》，全国信息技术标准化技术委员会《信息技术数据质量评价指标（GB/T 36344－2018）》、中国质量认证中心《数据产品质量评价技术规范（CQC 9272－2023）》等数据质量标准，完成了“双碳绿色信用评价数据产品”的市场价值评估工作。

这是全国第一单电力行业数据资产市场价值评估案例，也是目前国内第一单在数据交易所提供市场参考价的基础上，以市场法公允价值与成本法参考相结合进行评估的案例。浙江大数据交易中心此次为国网电力数据价值化提供市场价值评估，标志着浙江大数据交易中心已具备为企业数据价值化提供登记、评估、交易等一站式全流程综合服务能力。

国网浙江新兴科技有限公司在开展“双碳绿色信用评价数据产品”市场价值评估过程中，采取了以下措施：

（1）委托评估。国网浙江新兴科技有限公司委托浙江大数据交易中心，联合浙江中企华资产评估有限公司、中国质量认证中心，开展“双碳绿色信用评价数据产品”的市场价值评估工作。

（2）评估标准。评估工作按照中国资产评估协会《数据资产评估指导意见》，全国信息技术标准化技术委员会《信息技术数据质量评价指标（GB/T 36344－2018）》、中国质量认证中心《数据产品质量评价技术规范（CQC 9272－2023）》等数据质量标准开展。

（3）评估方法。此次评估基于数据交易所提供的市场参考价，首次在国内采用了市场法公允价值与成本法参考相结合的方法。

（4）一站式服务。浙江大数据交易中心为“双碳绿色信用评价数据产品”提供产品上架、存证、数据知识产权登记申请等一站式服务，实现了数据资产的全流程管理。

这一过程充分体现了政府引导、企业主体、第三方专业机构参与的良性互动，为电力行业数据资产评估提供了可资借鉴的经验。通过标准引领、方法创新、服务集成等举措，国网浙江新兴科技有限公司探索出了一条科学合理、公正公允的数据资产评估之路。

工业和信息化部发布的《“十四五”大数据产业发展规划》明确提出，要“建立数据要素价值体系，制定数据要素价值评估框架和评估指南，开展数据要素价值评估试点”。国网浙江新兴科技有限公司的评估实践，正是对这一要求的积极响应，对于推进数据要素价值体系建设具有重要意义。

国网浙江新兴科技有限公司“双碳绿色信用评价数据产品”的市场价值评估，是电力行业数据资产化的生动实践，是数据要素市场建设的有益探索，对于推动数据要素价值实现、促进数字经济发展具有重要意义。

■ 绿色低碳数字治理体系再升级

绿色低碳发展，数据先行。党的二十大报告指出，推动经济社会发展绿色化、低碳化是实现高质量发展的关键环节。加快发展方式绿色转型，协同推进降碳、减污、扩绿、增长，促进经济社会发展全面绿色转型。

当前，能源、工业、交通、建筑等领域的碳排放数据分散在各部门各系统，数据孤岛问题突出，制约了宏观政策制定和行业管理。亟须加快构建国家、地方、行业、园区、企业五级联动的绿色低碳大数据平台，实现碳排放数据的互联互通、共享共用。要依托国家应对气候变化大数据平台，加强与各地方、各部门的数据共享交换，促进碳排放数据、碳汇数据、财政金融数据等多源异构数据的集成融合，为制定绿色低碳发展战略、监测减排目标完成进度提供数据支撑。要加快建立绿色低碳大数据标准规范，制定碳核算、碳披露、碳交易等关键领域数据采集、传输、存储、应用的统一标准，夯实数据互联互通的基础。

面对能源、工业等领域海量碳排放数据，必须加快培育数据要素市场，促进数据资源开发利用和价值转化。要建立健全绿色低碳数据资产管理制度，明晰数据采集、使用、交易等环节的权责边界。鼓励龙头企业、行业协会、第三方机构参与碳数据开发利用，发展碳核算、碳披露、碳资产评估、碳金融等专业服务。积极引入区块链等新技术，搭建碳数据和碳资产交易平台，创新发展碳普惠金融，让数据红利惠及更多中小微企业。同时，要加强对数据要素市场的监管，健全数据产权保护制度，维护各方主体合法权益，规范和引导数据要素健康有序流动。

此外，绿色低碳发展是一项关乎产业全局、涉及方方面面的系统工程，需要政府、企业、社会组织、公众等多元主体协同配合，共建共治共享。要完善绿色低碳法律法规和标准体系，为绿色转型营造良好制度环境。支持绿色金融产品和服务创新，完善绿色信贷、绿色债券、绿色基金等激励机制。鼓励企业加大绿色技术研发投入，对绿色低碳项目予以税收减免、资金奖补等政策扶持。支持行业协会搭建绿色低碳公共服务平台，开展绿色产品认证、绿色供应链管理、碳资产评估等专业化服务。加强宣传引导和科普教育，提升全社会绿色低碳意识，引导形成简约适度、绿色低碳的生活方式。

第五部分 未来光谱（展望篇）

当人类社会迈入21世纪的第三个十年，“数智大潮”正澎湃而来，颠覆性技术创新方兴未艾。人工智能、量子计算等前沿技术与社会经济的交融碰撞，正催生出千姿百态的“智能+”新图景。大数据犹如连接过去与未来的纽带，在全新的时空坐标中，人类社会形态正悄然嬗变。在这场波澜壮阔的数智革命中，数据的确权、定价和流通等一系列资产化问题，无疑是决定技术革命能否安全落地、行稳致远的“关键一招”。

然而，我们也要清醒认识到，在技术快速迭代的同时，信息茧房、算法歧视等数据伦理难题日益凸显。面向未来，科技向善的价值追求，必须深深融入数据全生命周期的每一个环节。正如阿西莫夫所言，科学的最终目的，是为人类服务，而非相反。唯有在人文关怀的灯塔下，以高度的伦理自觉驾驭技术进步，在机器智能提升的同时不断拓展人类智慧的边界，方能在算法漫天的时代把握科技进步的航向，做科技向善的践行者。

“天行健，君子以自强不息。”在数据资产化的浪潮中，跨界融合已成为行业变革和创新发展的主旋律。当无处不在的物联网消除信息孤岛，当不同行业、领域的数据链条深度融合，全新的发展生态正在孕育。

面向未来，数据素养也将成为每一个公民必备的基本技能。这不仅意味着将数据思维、大数据分析等纳入通识教育体系，也昭示着以数据驱动因材施教、个性化学习的广阔前景。不仅要赋能数据科技进步，也要着眼于培养高尚品格、铸就科技向善的践行者。

第 17 章

数智潮流：技术驱动的未来

当前，以人工智能、量子计算为代表的前沿技术方兴未艾，正在与经济社会发展深度融合，酝酿一场前所未有的技术革命和产业变革。这场革命，不仅仅意味着生产力的又一次大解放，更意味着人类社会形态的加速演进。数据作为驱动智能时代的核心生产要素，其确权、定价、交易、应用等一系列问题，无疑是这场技术革命未来能否安全落地、行稳致远的关键所在。

17.1 “人工智能 + X”领域纵深拓展

人工智能的每一次技术迭代，都不仅仅是算法和计算能力的提升，更是对人类生活方式、工作模式乃至思维方式的重塑。这一过程中，“人工智能 + X”的模式应运而生，它不仅代表着技术与行业的结合，更是创新与传统的融合，标志着我们对未来的探索与实践正向纵深拓展。

人机共舞的盛大序曲

人工智能这个诞生于 20 世纪 50 年代的科学名词，正以前所未有的速度和广度重塑人类社会。从智能客服 24 小时无休提供服务，到无人驾驶汽车在街头市井穿梭，再到智能医疗助手精准诊断疑难杂症……人工智能在各行各业的应用日新月异，带来一次次具有里程碑意义的跨越。毫不夸张地说，我们已经进入了人工智能的“加速度时期”，一个人机共舞的智能新时代正在降临。

纵观全局，人工智能对传统行业的改造正在从“+X”走向纵深拓展。一方面，人工智能技术的内涵和外延不断拓展。从早期的机器学习，到如今的深度学习、迁移学习、强化学习等，人工智能技术范式日益丰富，对非结构化数据的理解、处理能力不断提升。这为更多行业数字化、智能化升级奠定了坚实基础。另一方面，人工智能与传统行业的融合不断深化。越来越多的行业将人工智能视为转型发展的“新引擎”，不再满足于简单的“+AI”，而是通过业务流程再造，让人工智能深度嵌入生产、管理、服务等各个环节，打造全链条的智能化升级。可以预见，未来的人工智能，既是一种通用技术，更是一种行业生产力，将重构更多行业的业态和逻辑。

在“人工智能+X”的背景下，数据无疑是最关键的生产要素。没有高质量的海量数据供给，再先进的人工智能算法也难以发挥作用。反之，行业数据的汇聚又催生了定制化的人工智能应用，形成了数据、算法、场景的良性循环。因此，将数据视为一种资产加以盘活利用，是“人工智能+X”纵深拓展的必由之路。

综观各行各业，对数据资产化的探索实践正如火如荼。传统的制造、零售、金融等行业巨头正在利用自身积累的海量业务数据，构建行业智能化应用；互联网平台巨头则凭借其数据资源禀赋，将触角伸向智慧城市、自动驾驶、智慧医疗等更多行业领域；行业数据联盟、开放数据集市也在不断涌现，成为各方共建共享的数据“蓄水池”。可以预见，随着行业数据的结构化、标准化水平不断提高，面向特定行业的人工智能平台将持续涌现，让各行各业都能即插即用，数据驱动的智能化发展将不再遥不可及。

案例 17-1 民生银行：“数据+信用”的智能金融探索

对于许多数据驱动型企业而言，数据资产已然成为其核心竞争力所在。然而，传统的金融服务体系主要围绕有形资产展开，数据资产的价值潜力尚未得到充分认可和挖掘，这在一定程度上制约了数据要素的市场化配置和流通。

2024年3月14日，在东莞市南城街道办事处的指导下，中国民生银行东莞分行联合广东通莞科技股份有限公司（以下简称通莞科技）、东莞市天安数码城有限公司在天安数码城成功举办“数据要素×金融科创融资新渠道”数据资产融资对接会。

作为本次数据资产融资对接会的重要背景，中国民生银行东莞分行在中国人民银行东莞市中心支行的指导下，于2024年1月31日成功为通莞科技发放了585万元数据资产无抵押贷款，开创了东莞市数据资产融资的先河。这一突破性的金融创新，充分体现了民生银行在数据资产金融服务领域的前瞻性布局和专业实力。

通莞科技是一家专注于数据价值挖掘与应用的科技企业，在数据采集、清洗、分析、可视化等方面积累了丰富的技术能力和行业经验，形成了独特的数据资产优势。然而，像许多轻资产、重数据的科创企业一样，通莞科技在业务快速发展过程中也面临着融资渠道单一、抵押物不足等困境。

民生银行敏锐捕捉到了数据资产的巨大价值，主动对接企业需求，为其量身定制了“易创E贷”线上化金融服务方案。银行组建了专业团队，对通莞科技的数据资产进行了全面尽调和风险评估，并联合第三方数据资产评估机构开展质量评估和价值评估，最终确定了585万元的授信额度。在贷款发放的同时，银行还与通莞科技签订了数据资产质押协议，将其核心数据资产进行了区块链存证和权属登记。这既是对数据价值的高度认可，也让数据资产真正“活”了起来，盘活了沉淀的无形资产。

东莞市开创性地实践了数据资产无抵押贷款，并成功举办数据资产融资对接会，对于破解科创企业融资困境、培育数据要素市场、赋能实体经济发展具有重要意义。

在民生银行数据资产融资对接会上，与会嘉宾们围绕数据要素市场建设、科创企业融资等话题进行了深入探讨，碰撞出了许多创新的思路和智慧的火花。大家形成了一些共识，面对日新月异的数字经济浪潮，必须以创新的理念、智能的手段来推动数据资产金融化进程，为科创型企业插上腾飞的翅膀。

伴随大数据、人工智能、区块链等新一代信息技术的飞速发展，智能金融正加速走向场景化、平台化、普惠化。民生银行此次为通莞科技“量身定制”线上化融资方案，通过数据资产评估实现无担保信用贷款，既满足了企业“短、小、频、急”的融资需求，又有效缓释了银行的信贷风险，创新了“数据+信用”融资服务的新模式。接下来，还要继续发挥金融科技赋能作用，加强大数据风控、智能审批、自动放款等领域的技术创新，不断提升金融服务的触达广度和智能化水平，让数据驱动的普惠金融惠及更多长尾客户。

可以看到，通过体制机制、服务模式、产品工具、监管科技等方面的全方位创新，民生银行及其合作伙伴们正在数字经济时代先行先试、不断探索，以智慧灯塔指引数据价值化、金融普惠化的航程。随着金融创新的不断深入，数据与资本必将加速融合，科创与金融必将共生共荣，为我国现代化经济体系建设注入更多新动能。

17.2 量子计算开启计算新时代

在探索未知的宇宙中，量子计算如同打开了一扇通往未来的大门，标志着计算技术的一次革命性飞跃。它不仅仅是计算速度的极致追求，更是对传统计算模式的颠覆和对计算潜能的无限拓展。量子计算的崛起，意味着我们即将进入一个全新的计算时代，这个时代将被无法想象的计算能力和解决问题的能力定义。

“量”子力学，“算”无止境

在人工智能、大数据等技术飞速发展的今天，人类社会正迎来又一次计算技术的革命性变革——量子计算。量子计算是一种全新的计算范式，它利用量子力学的奇特性质，如叠加态、纠缠态等，实现了对经典计算的超越。相比传统计算机依赖 0 和 1 两种状态进行编码，量子计算机则通过量子比特（Qubit）同时处于 0 和 1 的叠加态进行信息处理，计算能力呈指数级增长。量子计算的出现，正在开启信息科技领域的新纪元，重新定义计算的边界。

量子计算的魅力，不仅在于"快"，更在于其独特的计算模式能够解决许多经典计算难以处理的问题。在密码学领域，量子计算可以在多项式时间内破解 RSA 等经典加密算法，这使现有的许多密码体系面临失效的风险；在优化领域，量子计算可以高效求解旅行商问题等 NP 难问题，为物流配送、网络流量调度等优化场景提供强大的计算支持；在化学领域，量子计算可以精确模拟分子行为，加速新材料、新药物的筛选和设计；在人工智能领域，量子计算与机器学习的结合将产生变革性影响，极大提升算法性能和数据处理效率。量子计算的应用前景给人无限遐想，它将为人类认知世界、改造世界提供前所未有的"算力"。

当然，量子计算技术仍处于起步阶段，在量子比特的稳定性、纠错机制、算法设计等方面还面临诸多挑战。但全球科技巨头和各国政府已嗅到量子计算蕴藏的巨大价值，纷纷布局抢滩。谷歌率先发布 53 比特的量子处理器"Sycamore"，在特定任务上实现"量子优越性"；中国科学家成功研制出 76 光子量子计算原型机"九章"，刷新量子计算领域的诸多纪录；IBM、Intel、微软等公司也正加速推进量子计算硬件和软件生态的构建，上千家初创企业如雨后春笋般涌现。在政策引导和市场驱动下，量子计算产业化进程明显加速，有望成为国际竞争的新赛道。可以预见，未来 10—15 年，随着量子计算机的算力水平不断提升，其在金融、化工、材料等领域将得到规模化应用，成为数字经济时代的"新基建"。

量子计算重构数据价值新维度

当前，受制于经典计算架构的瓶颈，许多大数据分析和处理任务仍难以实时完成。量子计算的出现，有望成为破解“数据大、算力不足”难题的利器。其独特的并行计算优势，将极大提升数据分析的速度和效率，让数据驱动创新进入更高维度。

量子计算将重塑大数据时代的数据处理范式。一方面，量子计算可以实现更快的数据检索和聚类。传统的数据检索算法，如 Grover 算法，其时间复杂度随数据规模线性增长。量子计算则可将搜索复杂度降至平方根级别，极大提升检索效率。这对于网页搜索、推荐系统等海量数据检索场景具有重大意义。同时，在数据聚类任务中，量子计算可通过叠加态同时比较多个聚类中心，加速最优聚类的生成。另一方面，量子计算与人工智能的结合，将开辟数据智能分析的新境界。当前，深度学习需要海量标注数据进行训练，且存在泛化能力不足等局限。量子计算可通过叠加态同时探索指数级的参数空间，加速模型训练和优化。量子神经网络等新型量子学习模型，有望突破经典学习算法的性能瓶颈，实现更强大的特征提取和关联挖掘能力。

量子计算与大数据的融合，将重塑数据资产的开发利用模式。首先，在数据资产全生命周期管理中，量子计算可发挥独特优势。在数据采集阶段，量子传感、量子雷达等技术可实现更高精度、更低功耗的数据采集；在数据存储阶段，量子存储技术有望突破传统存储容量瓶颈，实现海量数据的高效存储；在数据分析阶段，量子机器学习可极大提升数据资产“炼金”能力，让数据洞见更加精准。其次，量子计算为数据资产的流通交易带来新机遇。量子密码技术可确保数据共享过程中的安全性，解决制约数据开放共享的隐私保护难题。量子区块链有望为数据交易提供新的信任机制，促进数据要素的高效配置。最后，量子计算将加速行业数字化转型。在金融领域，量子随机数生成、量子风控等技术将重塑金融风险管理体系；在智慧医疗领域，量子计算与基因测序、药物筛选的结合，将开启精准医疗的新时代；在工业制造领域，量子计算驱动的设计仿真、工艺优化等，将推动产品创新升级……量子计算与行业数据的深度融合，必将催生出一批颠覆性的应用场景，为数字经济发展注入新动能。

17.3 技术伦理的人文关怀

随着技术的不断进步，我们走进了一个由数据和智能驱动的新时代，其中技术伦理成为我们必须面对的新课题。在技术飞速发展的当下，人文关怀成为一种必要的底线思考。

坚守科技向善的底线

纵观历史长河，人类从未像今天这样拥有改造世界的强大技术力量。以人工智能为例，随着深度学习、类脑计算等技术突破，人工智能正在从感知智能走向认知智能，在某些领域的表现已经超越人类专家。以区块链、量子计算为代表的新型计算模式，更是展现出颠覆性的应用前景，有望重构社会信任机制和生产力格局。技术正以前所未有的广度和深度，重塑人类生活的方方面面。

然而，技术的进步也非一帆风顺。算法偏见、隐私泄露、信息茧房等问题不断涌现，提醒我们技术发展绝非中性，其背后蕴含的伦理风险不容忽视。一方面，技术自身的局限和不确定性，可能带来难以预料的负面后果。以无人驾驶为例，虽然技术在不断进步，但一旦出现事故，究竟应该由车企、算法还是乘客来承担责任？另一方面，技术与社会的剧烈融合，可能加剧数字鸿沟，带来就业冲击，挑战现有社会秩序。以人工智能取代部分岗位为例，虽然长期来看有利于提升生产效率，但如何保障那些被替代工人的权益？

事实上，任何技术都像一把“双刃剑”，关键在于如何使用。历史上，从蒸汽机、电力到互联网，无一不是在质疑声中成长起来，最终造福人类。进入数字时代，数据作为新的生产要素，正成为驱动技术创新和产业变革的关键力量。然而，由于对数据价值缺乏深刻理解，对数据安全缺乏整体把握，目前各领域的数据开发利用仍处于相对粗放、分散的状态，大量数据沉睡在各自的“孤岛”中，数据资产的巨大潜力尚未得到充分释放。这表明，要真正通过数据驱动实现技术向善，尚需在数据伦理方面进行深入探索。

科技向善，需要以人为本，需要用人文精神驾驭技术进步。任何技术创新应用，都要坚持以人民为中心，始终把提升人类福祉作为科技进步的根本目的。对此，必须在技术研发的早期就嵌入伦理考量，坚持包容审慎的原则，完善技术创新的伦理审查机制，建立健全伦理规范体系，明确红线底线，防范化解技术异化风险。与此同时，也要因势利导、趋利避害，在鼓励创新的同时加强监管引导，在数据要素流通中积极营造开放、透明、可信的环境，让数据红利惠及全体人民。

案例17-2 “入园惠企”：区块链点亮数据价值流通“新引擎”

传统的知识产权质押融资主要针对专利、商标等有形资产，而数据资产因其无形、难以评估等特点，一直难以作为质押品获得融资。为了破解这一难题，浙江省率先探索基于区块链的数据资产质押融资模式。

2021年9月9日，在浙江省知识产权金融服务“入园惠企”行动（2021—2023年）现场推进会上，全国首单基于区块链数据资产质押落地杭州，为数据资产化提供了新的思路和实践。

浙江省在全国率先探索区块链数据资产质押融资新模式，既是顺应数字经济发展大势的必然选择，也彰显了浙江在技术创新、数据伦理建设等方面的前瞻性视野。

一方面，基于区块链的数据资产质押融资模式，充分运用了区块链的分布式存储、智能合约等核心技术优势。通过在区块链平台上实现数据资产确权、登记、质押等关键环节，有效保障了数据资产的真实性、完整性和不可篡改性，极大提升了数据交易的安全性和可信度。同时，区块链智能合约的应用，可以实现质押流程的自动化执行和实时监控，降低了人工操作风险和时间成本，提高了数据资产质押融资的效率。可以说，正是得益于区块链等前沿技术的创新应用，才使数据这一新型无形资产得以"活化"，盘活了沉淀多年的数据"富矿"。

另一方面，浙江省在推进数据资产化进程中，高度重视数据伦理和数据安全建设，在技术创新和制度规范间找准平衡点。浙江省知识产权区块链公共存证平台对接入的企业数据资产进行了严格的技术处理，通过数据脱敏、加密等手段，最大限度地保护了数据提供方的隐私安全和合法权益。同时平台建立了完善的数据资产交易规则和数据使用协议机制，从制度层面规范了数据资产的确权、定价、交易、使用等各个环节，有效防范了数据滥用风险。此外，平台还积极开展数据伦理宣传教育，提升各参与主体的数据安全意识和责任意识，努力营造规范有序、公平正义的数据交易环境。

总的来看，浙江省在大力推进技术创新的同时，始终坚持将数据伦理作为数据资产化的"压舱石"和"定海神针"。这种既重"技术向善"、又重"利用规范"的理念，必将引领更多地区在推动数据要素市场化进程中，筑牢安全合规底线，激发数据红利潜能。相信在数字经济浪潮中，浙江的探索实践必将继续涌现"浙江经验""浙江方案"，为全国培育数据要素市场积累更多"浙江智慧"。

第 18 章

文化重构：数据时代的社会哲学

自古以来，文化作为人类智慧的结晶，承载着一个民族、一个国家的精神追求和价值诉求。在这场波澜壮阔的数字变革中，数据作为一种新型生产要素，与文化的交融碰撞正在催生出别样的火花。

18.1 数据技术重塑人际关系

在数据技术迅速演进的今日，数字化交流成为新常态，人们在虚拟空间中构建关系、分享情感，这种看似冷冰冰的数字交流却能激发出温暖人心的力量。然而，数据技术在促进人与人之间联系的同时，也带来了隐私侵犯、社会分化等挑战，让我们不得不重新审视技术发展背后的伦理责任。

在数字交互中“倾诉”

事实上，以数据为纽带的网络社交，也在塑造更加多元、包容的人际关系新生态。在网络空间，性别、年龄、地域等物理属性产生的隔阂被极大削弱，个体可以根据兴趣爱好自主选择交往对象，结交志同道合的朋友。弱连接的人际网络，为个体提供了更多的机会窗口。有研究表明，通过互联网结识的朋友，更容易带来跨界思想的碰撞和价值观的互鉴。

基于地理位置、兴趣图谱的社交数据，也在成为连接心与心的纽带。

例如，在异乡遇到老乡时，地理位置数据便成了打破隔阂的“暗号”。当两个陌生人因为相同的音乐喜好被智能算法“撮合”在一起时，数据就像是心灵的“红娘”。

数据还在默默重塑着人们的情感表达。那些“深夜陪聊”“东京不太热”“多喝热水”的暖心短语，正是数据分析洞察人心的结晶。有人工智能公司甚至尝试基于海量数据，研发能读懂人类情绪的智能助手。它会在你焦虑时提供减压良方，在你兴奋时给予积极回应。这种人机共情，或许是未来人际交往的新常态。

可以预见，随着数据资产化进程的加速，未来将涌现更多“数据向善”的人际关系新场景。例如，基于学习轨迹数据和性格画像，教育者可以对每个学生量身定制教学方案，因材施教。再如，借助多源异构的医疗数据，患者可以与医生进行更高质量、更个性化的问诊互动。诸如此类的应用，无疑将大幅提升人际交往的针对性和有效性。

案例 18－1　贵阳农商银行：用心守护用户数据隐私

为推动数据要素市场化配置改革，贵州省近年来积极探索数据资产确权、定价、流通和交易等机制，致力于打造数据要素市场。在此背景下，2023 年 6 月，贵阳农商银行与贵州东方世纪科技股份有限公司（以下简称东方世纪）签署了一份基于数据资产价值应用的融资贷款协议。这是全省首笔此类贷款，标志着贵州在数据资产化方面的新探索。

首先，数据资产化的核心在于实现数据价值与风险的平衡。一方面，贵阳农商银行通过数据资产质押贷款盘活了东方世纪的“沉睡”数据，为企业发展注入了金融活水。另一方面，在运用大数据开展企业画像、风险定价的同时，银行要高度重视企业商业秘密保护，严格规范数据采集、传输、存储等环节，防止核心数据资产泄露。企业则需进一步加强内控，在数据脱敏、加密等方面多管齐下，最大限度地降低数据质押的合规风险。

唯有平等互信、精诚合作，共同筑牢数据安全防线，才能实现银企双方的互利共赢。

其次，精准画像与差异化定价有望重塑银企信用关系。传统的银企关系建立在“抵押+担保”模式之上，金融服务的精准度和普惠性有待提升。大数据风控模型的应用将促使银行从过度依赖有形抵押物，转向更加注重企业综合实力、信用状况。通过分析东方世纪的经营数据、行为数据，银行能够洞悉企业的真实信用水平，为优质科技型企业“量身定制”融资方案。这种基于数据驱动的差异化信贷定价机制，有利于优化信贷资源配置，让诚信企业更容易获得金融“及时雨”。银企之间的信任基础将从抵押担保转向信用积累，银企关系也将更加平等、互利。

再次，算法赋能为银企沟通带来更多温度和深度。当前，金融服务“获客难、风控难、催收难”的痛点依然突出，传统的线下沟通、实地考察等方式效率有限。而人工智能技术的应用，可极大拓展银企沟通的广度和深度。例如，银行可利用智能客服、在线投放等数字化工具精准触达企业，随时掌握企业资金动向；企业则可通过手机银行、网上银行随时提交融资申请，全流程在线办理。特别是，基于海量数据和复杂算法，银行还可为企业提供智能投资顾问、风险预警等增值服务，从单向授信关系升级为全方位的金融服务伙伴。这种“面对面”向“屏对屏”“心贴心”的转变，将极大提升银企互动体验。

最后，数字普惠有望打造亲清新型政银企关系。在大数据风控、线上化审批等技术赋能下，中小微企业融资难题有望得到有效缓解。展望未来，数字普惠金融的内涵将进一步拓展。一方面，监管部门将进一步优化营商环境，为数据流通、数据质押等创新提供更多制度供给；另一方面，银行也将主动对接产业政策，聚焦重点领域和薄弱环节，为小微企业、“三农”主体等提供更多样化、个性化的金融服务。在政府搭台、银行唱戏、企业受益的金融生态圈中，定能实现多方共赢。

18.2　数据应用引发文化价值碰撞

在数字化浪潮下，我们见证了数据应用如何挑战传统文化观念、重塑文化认同，以及在全球化背景下促进文化多样性的交流与融合。随着技术的快速发展，从文化内容的生产与传播到消费者的接受与反馈，数据技术正变革着文化产业的每一个环节，使文化传播变得更加广泛、深入。

传统文化的破冰之旅

当数据成为新时代的“石油”和“黄金”，全新的文化图景正在徐徐展开。纵观历史，每一次技术革新都伴随着文化形态的深刻变革。从结绳记事到纸张印刷，从报纸广播到电视网络，传播介质的迭代为文化发展开辟了新的疆域。而今，以数据为核心驱动力的信息技术浪潮正以前所未有的广度和深度重构文化形态，开启了人类文明发展的新纪元。

一方面，大数据重塑了文化生产方式。数字化让文化资源从线下“搬”到线上，衍生出海量的数字文化产品。博物馆利用 VR 技术，让观众身临其境地体验历史文物的魅力；出版社利用大数据分析，洞察读者偏好，优化选题策划；音乐平台利用推荐算法，为用户匹配个性化歌单……在数据的加持下，文化生产从经验驱动走向精准洞察，海量化、个性化、沉浸式的文化消费成为可能。

另一方面，大数据也在重塑文化传播渠道。算法推荐让兴趣成为文化传播的纽带，促进了文化的“微群体”式传播；短视频和直播等新型传播形态的兴起，进一步拓宽了公众参与文化生产和传播的渠道；跨语言、跨地域的文化交流日益频繁，推动文化走向“全球村”……在数据技术的推动下，中心化的文化传播格局逐渐瓦解，取而代之的是更加扁平、互动的传播生态。文化传播突破了时空界限，呈现出“无处不在、无时不有”的特点。

当越来越多的文化资源实现数据化、资产化，海量的文化数据资产不断汇聚，全新的文化生产力正在孕育。对国家而言，文化数据资产成为彰显软实力、提升文化自信的战略资源；对文化企业而言，如何将数据资产转化为核心竞争力，成为生存发展的关键；对公众而言，如何在汹涌而来的文化数据浪潮中甄别优质内容，直接关系到精神生活的质量。可以说，文化数据资产的形成和利用，既为文化繁荣发展提供了新的动力，也引发了一系列文化伦理问题的思考。

在全球视野下，不同国家和地区在文化习俗、价值理念等方面存在差异，这也导致了对文化数据资产的认知和应用出现分歧。一些跨国文化企业试图将一套文化数据分析模型套用到全球，却可能引发水土不服；一些发达国家凭借技术优势掌控了文化数据话语权，却可能加剧全球文化失衡……种种文化价值冲突凸显出，打铸文化数据资产需要兼容并蓄的智慧，需要在尊重差异中求同存异，在互鉴共荣中实现人类命运共同体。

案例 18－2 杭州高新区：数据知识产权证券化引领数字文化

近年来国家积极推动知识产权证券化改革，支持以专利、商标等知识产权作为基础资产发行资产支持证券，盘活无形资产、拓宽企业融资渠道。在这一背景下，2023 年 7 月 5 日，杭州高新金投控股集团有限公司 2023 年度第一期杭州高新区（滨江）数据知识产权定向资产支持票据（ABN）在中国银行间市场交易商协会成功发行，成为全国首单包含数据知识产权的证券化产品，开启了数据资产化的新征程。

此次数据知识产权证券化的落地，是多方协同创新的结果，主要经历了以下几个关键环节：

（1）征集基础资产。在杭州高新区（滨江）市场监督管理局（知识产权局）的牵头下，四维生态、紫光通信、数云等 12 家企业的 145 件知识产权被纳入资产池，作为证券化的基础资产。其中包括发明专利 26 件、实用新型专利 54 件、软件著作权 63 件、数据知识产权 2 件。这些知识产权的权属清晰，能够产生稳定现金流，符合证券化要求。

（2）开展资产评估。为确定知识产权的价值，中金浩资产评估有限责任公司作为资产评估机构，对纳入资产池的 145 件知识产权进行了评估。经评估，这些知识产权的价值共计 1.43 亿元。其中，数据知识产权的纳入，拓展了知识产权证券化的范围，也为后续交易定价提供了重要参考。

（3）设计交易结构。在知识产权资产池确定后，杭州高新金投控股集团有限公司作为发起机构，牵头设计交易结构。为增强投资者信心，杭州高新国有控股集团有限公司作为差额补足义务人，杭州高新融资担保有限公司和杭州高科技融资担保有限公司作为担保机构，提供增信支持。同时，华润信托作为发行载体管理机构，负责设立和管理资产支持票据。

（4）完成簿记发行。在交易结构设计完成后，杭州银行作为牵头主承销商和簿记管理人，联合中国民生银行作为联席主承销商，面向合格投资者开展簿记建档。本次资产支持票据发行金额 1.02 亿元，发行期限 358 天，票面利率 2.80%。簿记发行的顺利完成，标志着全国首单数据知识产权证券化产品正式落地。

（5）资金划转与监管。在发行完成后，杭州银行作为资金保管机构，负责募集资金的划转和监管，确保资金专款专用。同时，上海新世纪资信评估投资服务有限公司作为信用评级机构，对本项目进行跟踪评级，动态监测项目风险。大成律师事务所作为法律顾问，为项目提供全流程法律服务，保障交易合规。

杭州高新金投控股集团有限公司发行全国首单数据知识产权证券化产品，开创了数据资产价值化的新模式，在我国数据要素市场建设进程中具有里程碑意义。这一创新案例不仅为盘活沉睡的数据资产指明了路径，更彰显了杭州在推动数据文化建设、优化数字生态方面的前瞻性视野。

18.3 在数据资本的天平上寻求平衡

在数据资本的天平上，我们正站在变革生产关系的新起点。随着数据成为经济增长的新动力，数据资本的崛起正在重塑生产、分配、交换、消费等经济活动的本质。

变革生产关系的新起点

当数据成为新的生产要素、数据资产化成为新的经济形态，传统的生产关系正发生深刻变革。一个以数据资本为导向的新型生产关系正在形成，成为驱动生产力变革的新起点。

相比传统的货币资本，数据资本更强调数据要素所蕴含的潜在价值，包括数据规模、质量、影响力等多重内涵。一方面，数据完成数字化采集、存储、标注等过程后，就凝结成了一种可资本化的数字劳动产品；另一方面，海量数据经清洗、分析、挖掘后形成数据智能和洞察，进一步放大了数据资本的价值创造力。

一个突出的趋势是，越来越多的企业正在成长为数据资本的拥有者和主导者。以互联网平台企业为例，它们依托海量用户数据构建数据资本优势，通过算法推荐、个性化定制等手段，将信息流量转化为经济效益，进而影响和塑造着人们的生活方式。再如，一些传统企业利用工业互联网平台，对生产、流通、消费等环节的数据进行全流程采集和分析，以数据驱动产业数字化转型，重塑生产流程和商业模式。可以预见，谁能在数据资本的竞争中抢得先机，谁就更有可能在未来的产业变革中占据制高点。

然而，数据资本的崛起也带来了发展不平衡的隐忧。马克思主义政治经济学认为，生产资料所有制是生产关系的基础。在数据要素占主导地位的数字经济时代，数据资本的分配格局直接影响着利益分配和社会结构。一方面，头部企业往往掌握了规模巨大的数据资本，如超大规模的用户数据，这加剧了经济发展的不平衡。另一方面，中小企业、创业者等市场主体难以获取优质数据资源，在数字化转型和创新发展中处于劣势，这进一步拉大了贫富差距。如何在发展数据经济的同时防止“数据资本主义”野蛮生长，构建普惠共享的数字经济新生态，考验着政府和社会的智慧。

案例 18－3　青岛三方：跨界数据要素作价入股

2023 年 8 月 30 日，青岛华通智能科技研究院有限公司、青岛北岸控股集团有限责任公司、翼方健数（山东）信息科技有限公司三方在“2023 智能要素流通论坛暨第三届 DataX 大会”上签署协议，实现全国首例数据资产作价入股，开启了数据价值化的新篇章。

此次在青岛落地的全国首例数据资产作价入股，开创了数据资本化运作的新模式，在推动数字经济高质量发展、培育经济增长新动能方面具有标志性意义。这一创新案例为盘活沉睡的数据资产、赋能实体经济转型指明了路径，更彰显了青岛在推动数据要素市场化改革、构建数字新经济生态方面的前瞻性视野。

随着数字技术的快速发展和应用，数据正在成为继土地、劳动力、资本、技术之后的第五大生产要素，数据价值的充分挖掘和释放已成为数字经济繁荣发展的关键支撑。将数据资产转化为数据资本，是盘活数据要素、提升数据价值的重要路径。通过数据资产作价入股等方式，可以将分散的数据资源集聚整合，实现数据所有权与使用权的分离，形成多方共享共治的数据资本运营机制。这不仅有利于加快数据资源的流通配置，促进数据开发利用，也为传统企业数字化转型、创新企业培育壮大提供了新的动力源泉，成为驱动数字经济发展的“新引擎”。

同时，此次青岛三方协同推进数据资产作价入股，也充分体现了开放合作、融通共享的数字新经济发展理念。在数字时代，单一主体难以全面掌控和充分利用数据资源，企业间的数据协同日益成为提升经济效能、激发创新活力的关键所在。通过跨界数据合作，不同行业、不同类型的企业可以实现数据与场景、技术、资本等要素的全方位融合，创造出“1+1>2”的协同效应。数据企业可以更广泛触达应用场景、拓展商业模式，应用企业则可借助数据驱动实现产品优化、管理创新、服务升级。由此形成优势互补、互利共赢的命运共同体，共同推进数据价值向现实生产力的加速转化。

第 19 章

经济新篇章：跨界融合与创新

当今，以数据为代表的新型生产要素正以前所未有的速度重塑生产关系，一场全新的“数智革命”已然来临。这场革命以数据为燃料，以算力为引擎，正加速推进不同行业间的跨界融合，催生出融合创新的全新业态。

19.1 跨界融合的崭新乐章

从工业革命到信息革命，每一步的跨越都是由对基础资源的新认识和新应用推动的。在当今世界，数据已成为新的基础资源，其价值不亚于任何传统的物质资源。然而，与过去的资源相比，数据的特殊性在于其无形性和可复制性，这使数据的力量更为广泛和深远。

跨界融合的时代大势

在当今快速变化的经济环境中，跨界融合已成为推动行业发展和创新的关键动力。这种融合打破了传统行业之间的界限，促进了知识、技术和资源的共享与交流。探究其驱动力与机制，我们可以发现，技术进步、市场需求的演变以及政策环境的优化共同构成了跨界融合的三大支柱。

技术进步是跨界融合的主要驱动力之一。随着人工智能、大数据、云计算和区块链等先进技术的快速发展，新的技术工具和平台不断涌现，为不同行业之间的协作和整合提供了可能。例如，人工智能的应用已经从纯粹的技术领域扩展到医疗、教育、金融等多个领域，使这些行业能够通过智能化的数据分析和决策支持系统来提高效率和效果。同时，云计算使资源的共享和部署变得更加灵活高效，促进了跨地域、跨行业的合作。这些技术进步不仅提高了行业内部的运作效率，也为不同行业之间的融合创造了前所未有的机遇。

市场需求的演变同样是跨界融合的重要推动因素。在消费者需求日益个性化和多元化的今天，单一行业往往难以独立满足市场的复杂需求，这促使企业寻求跨行业合作以创造更加丰富和综合的解决方案。例如，智能家居的兴起就是技术与家居、互联网、服务业等多个领域融合的结果，它满足了人们对于高效、舒适、安全生活环境的需求。随着消费者对健康、便利、个性化服务的追求不断升级，各行业之间的界限被逐渐打破，跨界融合逐渐深入发展。

政策环境与监管框架的优化为跨界融合提供了必要的制度保障和引导。随着经济全球化和信息化的发展，政府和监管机构开始认识到推动跨界融合的重要性，并逐步调整政策和监管框架以适应新的经济发展形态。通过制定有利于技术创新和行业协作的政策，优化知识产权保护机制，建立跨行业合作的标准和规范，政府可以有效促进不同行业间的资源整合和知识共享。例如，一些国家和地区针对金融科技、智能制造等领域推出了一系列政策支持措施，包括税收优惠、资金支持、研发补贴等，这些政策大大激励了企业进行技术创新和跨界合作。

总之，跨界融合的驱动力与机制是多元且复杂的，它们相互影响、相互促进，共同推动着行业界限的重新定义和业务模式的创新。在这一过程中，技术进步为跨界融合提供了工具和平台，市场需求的演变引导了融合的方向和深度，而政策环境的优化则为融合提供了保障和动力。

案例19－1 广西电网：融合金融开创数据信托新业态

近年来，国家积极推动数据要素市场化配置改革，鼓励在数据确权、定价、流通和交易等方面进行机制创新。在这一背景下，2023年7月，广西电网有限责任公司（以下简称广西电网）与中航信托股份有限公司（以下简称中航信托）以及广西电网能源科技有限责任公司（以下简称能科公司）签署了数据信托协议，并在北部湾大数据交易中心完成了首笔电力数据产品的登记和交易。这标志着全国首个数据信托产品交易的成功落地，开启了数据要素市场化配置的新模式。

广西在全国率先实现数据信托产品交易，是深化数据要素市场化配置改革的生动实践，为培育数字经济新动能、推动高质量发展开辟了新路径。这一创新突破不仅为数据流通开辟了新渠道，更彰显了跨界融合发展的新趋势。

首先，此次数据信托产品交易的达成，本身就是电力、金融、大数据等多个行业跨界协作的结果。从数据资产的选取到产品设计、从交易规则制定到技术平台搭建，每一个环节都凝结着不同领域专业力量的智慧贡献。广西电网作为电力行业的龙头企业，拥有丰富的电力数据资源；中航信托作为金融机构，在资产管理、风险控制等方面有着专业优势；能科公司凭借技术积淀，为数据开发应用提供了有力支撑；北部湾大数据交易中心作为公共服务平台，为数据交易提供了公平、规范的环境。多方通力合作、优势互补，共同打造出这一全新“数据金融”产品，开创了数据与金融跨界融合的先河。

其次，电力数据与信托机制的创新融合，为盘活行业数据、赋能产业发展开辟了广阔空间。长期以来，电力行业积累了海量用电数据，蕴含着巨大的应用潜力。但受制于体制机制障碍，这些数据难以有效流通和利用。通过信托形式盘活数据，既有利于电力公司获得新的收益来源，也为其他行业提供了宝贵的数据资源。例如，电力消费数据可用于分析产业运行、优化资源配置；用电安全数据可用于预警风险、支撑应急管理；电力设施数据可用于指导城市规划、完善公共服务。将数据资产以信托形式委托给专业机构运营，打破了行业数据壁垒，有利于最大限度地盘活存量资源、释放数据价值。

再次，数据信托模式为金融行业触达实体经济、深化普惠服务拓展了新渠道。在数字经济时代，金融机构深度参与数据资产运营已成大势所趋。通过数据信托产品，不仅可以丰富信托业务种类、提升风险定价能力，还可以将金融活水引入大数据、工业互联网等新兴领域，为中小微企业、个体工商户等市场主体提供数据增信服务。未来，随着数据信托、数据基金、数据银行等创新业态的发展，必将进一步促进金融资源与数据要素的融合对接，有效破解中小企业"融资难、融资贵"问题，推动形成数据和资本良性循环、相互促进的数字经济生态。

最后，数据信托交易的常态化、规范化亟须构建多元共治的数据流通新机制。数据的高效流通与安全利用，是充分释放数据价值的必要前提。通过交易场所、行业协会、金融机构、专业公司等形成分工协作、各司其职的数据治理合力，有利于从制度、标准、文化等方面保障数据有序流通。在推动数据开发利用的同时，还要坚守安全底线，强化隐私保护，在制度规范和技术防护上持续发力，筑牢数据流通的"防火墙"。要在数据采集、加工、交易等环节嵌入合规审查机制，加强全流程动态监管，重拳打击内幕交易、价格操纵等违法违规行为，共同维护规范有序的数据交易市场秩序。

19.2 数据经济的长远航标

在数字化时代的洪流中，数据已成为推动现代经济发展的核心动力。随着技术的迅猛发展和全球信息化的深入，数据经济正逐渐成为衡量国家竞争力和企业创新能力的重要标尺。

■ 产业融合重构数据经济版图

在深入探讨数据经济的长期发展趋势中，产业融合与经济结构的变迁是不容忽视的重要视角。随着数据技术的快速发展，传统产业与新兴产业之间的界限正变得越来越模糊，这种跨界融合不仅加速了经济的数字化转型，也在根本上重塑了经济结构的新格局。

在过去的几年中，我们已经见证了数据技术如何推动产业的深度融合。以工业互联网为例，传统的制造业通过引入大数据、云计算等技术，实现了智能化改造，提高了生产效率和产品质量。这种改造不仅限于生产流程的优化，更深远地影响到了供应链管理、产品设计、市场营销等多个环节，使整个产业生态更加紧密、高效和响应快捷。这种跨界融合的本质，在于利用数据技术打破传统行业间的壁垒，实现资源的最优配置和价值的最大化。

进一步来看，跨界融合对经济结构带来的变化不仅体现在产业内部，更显著地表现在产业之间的关系上。数据经济的兴起，使数据成为连接不同产业的纽带，促进了跨行业的合作和创新。例如，金融科技的发展使金融服务能够更好地融入零售、医疗、教育等领域，为这些领域提供更加灵活和个性化的服务，从而推动了整个社会经济的发展和升级。

然而，产业融合也带来了新的挑战。首先，数据安全和隐私保护成为重大关注点。随着数据在不同产业之间的广泛流动，如何确保数据的安全和用户隐私不被侵犯成了一个亟待解决的问题。其次，跨界融合对劳动力市场也产生了深刻影响。一方面，新兴产业的快速发展为劳动力市场带来了新的机遇；另一方面，传统行业的数字化转型也对劳动力的技能结构提出了新的要求。

在未来，我们可以预见，随着技术的不断进步和应用的不断深入，产业融合将继续深化，经济结构将持续演变。在这个过程中，数据将发挥越来越关键的作用，不仅是作为产业融合的基础设施，更是推动经济创新和增长的重要驱动力。同时，这也要求政策制定者、企业和社会各界共同努力，既要抓住产业融合带来的机遇，又要妥善应对相伴而生的挑战，确保数据经济的健康、可持续发展。

案例 19－2 亦庄控股："双智"数据集落户北京大数据交易所

北京市作为全国数字经济发展的排头兵，高度重视数据基础制度建设。2023 年，北京市正式启动数据基础制度先行区建设，着力打造全国数据要素市场化配置改革的"试验田"。在这一背景下，北京亦庄投资控股有限公司（以下简称亦庄控股）作为北京数据基础制度先行区的数据资产入表试点企业之一，于 2024 年 1 月在北京国际大数据交易所平台注册了首套"双智"协同数据集，并实现数据资产入表，开启了国有资产数字化转型的新征程。作为全市国资国企改革的"领头羊"，亦庄控股此次数据资产化的突破性进展，为推动数据要素价值释放、赋能实体经济高质量发展树立了新标杆。

亦庄控股在全市率先实现"双智"协同数据集注册入表，不仅标志着北京数字经济发展进入新阶段，更彰显了跨界融合创新的新趋势。这一突破性进展将为推动产业数字化、数字产业化协调发展注入强劲动力，助力首都经济结构优化和高质量发展。

首先，"双智"数据集的入表应用将有力促进新型智慧城市建设和产业数字化转型。随着信息技术与城市规划、建筑、交通、能源等领域加速融合，海量数据的汇聚分析已成为智慧城市运行的核心支撑。例如，运用园区基础设施运维数据，可实现城市部件的实时监测和预测性维护，显著提升城市韧性；利用园区能耗数据，可优化资源配置、挖掘节能潜力，助力城市低碳转型。同时，产业数字化的广度深度持续拓展。"双智"数据集所覆盖的生物医药、芯片制造等关键领域，数据价值释放将驱动企业加速数字化再造，形成精准研发、智能生产、个性化服务等新模式，带动产业链整体效能跃升。可以预见，随着更多企业“触网”，更多场景纳入“双智”数据范畴，将加快形成虚实交互、智能协同的产业发展新格局。

其次，“双智”数据集的融合流通有望撬动科技创新和经济增长新动能。当前，伴随数字经济蓬勃发展，产业间数据壁垒逐步打破，跨界数据应用创新不断涌现。通过在城市级数据平台中构建开放共享的“双智”数据集，亦庄控股搭建起园区内外创新主体协同的桥梁。各领域创新者可基于数据展开交叉研究，激发颠覆性技术、产品、商业模式的诞生。例如，交通出行数据与商业数据的“混搭”，可助力企业实现精准选址和个性化营销；生物医药数据与 AI 技术的对接，将推动药物研发设计和智能诊疗算法的突破。伴随一批批“跨界”应用场景的拓展，数据驱动的协同创新必将加速向纵深演进，进而带动战略性新兴产业集群壮大，为经济发展注入充沛新动能。

最后，打通跨领域数据壁垒也将为优化经济结构注入“数智”力量。一方面，随着新兴产业与传统产业数据链条的深度融合，工业互联网、智能制造等多场景数据应用将推动传统产业数字化再造，持续放大先进制造业对经济社会发展的支撑作用。另一方面，应用型数字消费、智慧交通等新服务业态将崛起为战略性支柱产业，为经济转型升级注入新动力。此外，“双智”数据集还可服务宏观调控、行业治理、科技金融等领域，成为提升治理能力与效率、优化资源配置的“定海神针”。通过强化数据分析、智能辅助决策，有望进一步强化先进产业引领，升级传统产业动能，更好地发挥政府规划引导、市场资源配置的协同作用，促进实体经济与数字经济协调互动、健康发展。

19.3　创新在数据资产化中的核心作用

数据资产化不仅仅是关于技术的革新，更是一种全新的经济活动方式，它将数据转化为可量化的资产，从而在全球经济中创造价值。在这个转化过程中，创新扮演了举足轻重的角色。无论是技术创新、商业模式的创新，还是治理结构和伦理标准的创新，都极大地促进了数据资产化的发展和应用。

■ 数据为商业“赋能”“赋智”

针对技术的创新，前面已经作了详细的阐述。在当今数据驱动的经济中，商业模式的创新不再是可选项，而是企业生存和发展的必需。数据资产化过程中的商业模式创新是将数据的潜在价值转化为可持续商业价值的关键。

数据资产化为商业模式创新提供了无限的可能性和新的机遇。在这个过程中，企业不仅仅是将数据视为一种资产，而是将其作为创新商业模式的核心。这种创新往往体现在如何收集、分析、利用数据以创造新的价值主张和收入流。通过深入分析顾客数据，企业能够发现顾客需求的细微变化，从而提供更加个性化、高效的产品和服务，这不仅增强了顾客体验，也为企业带来了竞争优势。

商业模式创新的一个关键方面是如何构建和维护一个以数据为中心的生态系统。在这个生态系统中，企业、顾客、供应商和合作伙伴共享数据，共同创造价值。例如，通过构建开放的数据平台，企业可以邀请第三方开发者利用其数据资源开发新的应用和服务，这种模式不仅扩展了企业的服务范围，也促进了生态系统内的创新和协作。

然而，数据资产化和商业模式创新也带来了一系列挑战，尤其是在数据的隐私、安全和合规性方面。企业在设计创新商业模式时，必须确保对数据的使用符合相关法律法规的要求，同时保护顾客的隐私权益。这不仅是法律义务，也是赢得顾客信任和维护品牌声誉的关键。

此外，商业模式的创新还需要企业具备灵活的组织结构和文化，以适应快速变化的数据环境和市场需求。这意味着企业需要不断地学习和适应，鼓励创新思维，并且能够迅速从失败中恢复并重新尝试。

总的来说，商业模式创新在数据资产化中发挥着至关重要的作用。它要求企业不仅要关注如何利用技术提取数据的价值，更要关注如何通过创新的商业模式将这些价值转化为实际的商业成果。这需要企业具备前瞻性的视角，敏锐地捕捉市场和技术的变化，同时也需要关注数据使用的伦理和合规性问题。通过不断地探索和实践，商业模式的创新将继续引领数据资产化的发展，为企业和社会创造新的价值。

案例19－3　河南传媒："闯关"数据交易新业态

作为数据要素市场培育的重要载体，各地数据交易中心正在加快建设，推动数据资源开发利用和价值转化。在这一背景下，河南大河财立方数字科技有限公司（以下简称财立方数科）自主研发的两项数据应用产品"财金先生"和"立方招采通"通过公示，获得"数据产权登记证书"，成为首例由河南财经媒体自主研发并亮相郑州数据交易中心的数据应用，开启了财媒数智服务的新生态。

财立方数科自主研发的"财金先生"和"立方招采通"两大数据应用产品成功落地郑州数据交易中心，不仅是传统财经媒体数智化转型的标志性成果，更彰显了基于数据资产化驱动的商业模式创新前景。这一突破性进展为财经媒体探索特色化、差异化发展提供了全新思路，为构建可持续的数字经济生态注入了澎湃动力。

首先，依托数据资产化推动商业模式转型升级是大势所趋。在数字时代，单一的内容生产和渠道分发已难以满足受众日益个性化、场景化的信息需求。"财金先生"独创的"先生频道和私享频道"技术服务模式，即财立方数科基于分众细分、用户画像等数据分析，为财经媒体实现商业模式转型提供的创新样本。通过将内容生产与数据应用创新结合，为不同人群提供专属化、沉浸式的财经资讯服务，"财金先生"真正实现了从"千人一面"到"千人千面"的服务升级。这种以数据为驱动，以服务为核心的新型商业模式，必将引领财经媒体构建起“产品＋服务”双轮驱动的经营格局，开辟可持续发展的全新赛道。

其次，以数据促进跨界整合、赋能延伸是媒体实现差异化发展的关键。“立方招采通”作为财立方数科的重磅产品，充分体现了财经媒体在数据驱动下向“专业服务”等领域延展的巨大潜力。“立方招采通”以招标采购信息为抓手，通过AI技术将全网招采信息进行智能分类、深度加工，形成多维度数据产品。这既打破了传统财经报道局限于资讯传播的模式，也通过提供专业数据分析服务，为招采各方精准对接搭建了桥梁。媒体借助优质数据资源，建立跨领域的专业服务能力，势必推动形成全新的核心竞争力。以数据联通内容与服务，必将成为财经媒体巩固专业优势、走差异化发展道路的战略引擎。

最后，培育数据要素交易新业态是媒体实现可持续发展的重要路径。随着数据确权、定价、交易等机制逐步完善，围绕数据展开的交易服务、咨询服务等新业态正蓬勃兴起。财立方数科自主研发的数据产品登录数据交易中心并实现交易，不仅开辟了变现数据价值的新渠道，更为构建可持续的商业闭环提供了范本。未来，伴随数据要素市场的日益成熟，媒体将大有可为。一方面，媒体可发挥内容优势，通过优质产品供给促进数据交易市场繁荣；另一方面，媒体也可基于数据交易平台，拓展数据经纪、交易咨询等全新业务形态。数据交易生态与媒体融合发展相互促进、良性循环，媒体商业可持续性将不断提升。

第 20 章

全民数据素养：构筑未来社会的基石

置身于这个瞬息万变、无处不在的数字时代，我们或许难以察觉正悄然发生的巨变，难以意识到数据素养已然成为生存和发展的核心竞争力。当算法推荐主宰了我们的阅读和消费，当数据分析左右了企业的兴衰成败，当人工智能深刻改变了各行各业的运作方式，我们是否具备驾驭这个智能新时代的基本素养？答案显然是否定的。

20.1 树立数据意识迫在眉睫

当前，树立数据意识已迫在眉睫，成为全民必须面对的重要课题。数据，作为新时代最宝贵的资源，不仅重塑了经济结构，更深刻影响了我们的思维方式和行为模式。从个体到国家，从企业到社会，数据意识的缺失或弱化都可能导致在信息洪流中迷失方向，错失发展机遇。

数据思维是数字时代的通行证

面对“数据为王”的时代大势，无论是国家的长远发展，还是个人的未来出路，都需要尽快适应并拥抱这一变革。这就意味着，培养全民数据意识，提升数据素养，已经成为应对未来挑战、抢占发展先机的迫切需要。

何谓数据意识？从认知层面看，它是对数据价值的敏锐洞察力，是对无处不在的数据的敏感和觉知；从行动层面看，它是收集、挖掘、利用数据的自觉行动力，是运用数据认知世界、解决问题的行动自觉。可以说，数据意识已经上升为数字时代的核心素养，是数字公民必须具备的基本能力。它不仅关系到个人能否在数字社会立于不败之地，更关乎国家能否在数字经济竞争中抢得先机。

当前，世界主要国家都在加快布局数字经济，将提升国民数据素养作为国家战略。发达国家更是将数据意识教育作为基础教育的重要内容。反观我国，虽然近年来大数据产业蓬勃发展，数字政府、数字社会建设如火如荼，但在全民数据意识培养方面还很欠缺。许多人仍然停留在简单使用数字工具、消费数字内容的层面，缺乏对数据的敏感和觉知，数据意识亟待加强。这已经成为我国全面建设数字中国、抢占数字经济发展制高点的明显短板。

诚然，数据意识的形成绝非一蹴而就，它需要良好的社会土壤。政府的政策引导、学校的素质教育、家庭的耳濡目染，都是培育数据意识不可或缺的途径。但归根结底，提升全民数据意识离不开系统的数据教育。只有充分认识数据教育的必要性和紧迫性，将数据教育纳入国民教育体系，推动数据知识的普及和传播，才能从娃娃抓起，让数据意识内化于心、外化于行，成为全社会的思维自觉和行动自觉。唯其如此，我们才能真正培养出引领未来的数字化人才，在未来全球竞争中立于不败之地。

■“数智”融合推动教育变革

在数据成为关键生产要素的今天，大数据正以前所未有的广度和深度重塑着教育生态。一方面，大数据为精准施教、个性化学习提供了全新路径。另一方面，数据素养也成为衡量教育现代化水平的关键指标。可以说，数据为教育插上了腾飞的翅膀。因此，加强数据教育，不仅是提升国民数据素养的必经之路，更是推进教育供给侧结构性改革、实现教育高质量发展的必然要求。

当前，运用大数据优化教育教学流程、提升育人质量已成为教育创新的重要方向。传统教育受限于师生信息不对称，教学效果难以量化评估，教育资源配置与实际需求严重错配。教育大数据的出现，让教与学、管理与决策的全流程数据化成为可能。通过采集、分析学生的学习行为数据，可以精准刻画其学习特点，为因材施教提供有力抓手；通过挖掘海量教育数据，可以洞察学生的个性化需求，为推送个性化学习资源提供依据；通过整合校内外教育数据，可以多维评估办学绩效，为教育精准治理提供决策支撑。大数据让教育摆脱了“经验主义”桎梏，步入“循证决策”的新阶段。

与此同时，人工智能、虚拟现实等技术与教育的深度融合，也在重塑学习新生态。借助智能导师系统，可实现课业辅导的智能化、个性化；基于虚拟仿真实验，可打破时空限制，让学生身临其境地探索未知世界；依托脑机接口技术，可实时感知学生的认知状态，优化学习体验……在线教育、智慧课堂、沉浸式学习正成为常态，数字化、智能化、个性化的未来教育图景正徐徐展开。

在这场教育变革中，数据意识无疑是最关键的素养。没有对数据价值的敏锐洞察，就难以发现数据背后的教育新需求、新问题；没有收集和分析数据的能力，就难以因时因势优化完善教学；没有利用数据赋能决策的思维，就难以破解资源配置不均等深层次矛盾。当越来越多的教育工作者树立起数据意识，善于用数据思考教育、设计教学、优化管理，那么，一场全方位、系统性的教育变革就指日可待了。

20.2　打造全方位数据技能培养体系

在数字化时代，数据已成为驱动社会发展的新引擎，而打造全方位的数据技能培养体系则成为培育这一引擎动力的关键。从政府到高校，从企业到社会各界，共同努力构建一个覆盖全民的、多层次的数据技能培养网络，显得尤为迫切。

■ 政府织密人才“安全网”

面对百年未有之大变局，抢占数字经济发展制高点，必须高度重视数据人才队伍建设。对此，政府层面应高站位谋划、高起点布局，完善顶层设计，优化政策供给，为数据人才成长营造良好的制度环境和政策环境。

一要完善数据人才发展顶层设计。将数据人才培养纳入国家战略人才发展规划，统筹考虑经济社会发展对数据人才的需求，加强分类指导，明确各领域数据人才发展的目标任务、重点举措。编制数据人才中长期发展规划，前瞻研判行业发展趋势，科学测算人才需求，为数据人才队伍建设提供行动指南。同时，加强人才统计监测，为数据人才发展决策提供参考。

二要加大数据人才培养支持力度。加大财政资金投入，支持高校开展数据领域基础研究、关键核心技术攻关和学科专业建设。设立数据领域国家奖学金，鼓励高校学生投身数据专业学习。支持龙头企业、科研院所设立博士后工作站，为高端复合型数据人才脱颖而出搭建舞台。同时，加大对中小微企业数据人才培养的支持，提供培训补贴、税收优惠等政策，帮助其提升数据应用能力。

三要优化数据人才发展环境。推进人才发展体制机制改革，破除数据人才流动的体制障碍，提高人才配置效率。建立数据人才引进、使用、激励、评价“一揽子”政策，对高层次数据人才在落户、住房、医疗、子女教育等方面给予优惠支持。健全人才服务体系，完善一站式人才服务平台，为数据人才提供精准化、个性化服务。营造崇尚创新、宽容失败的社会氛围，厚植数据人才成长的沃土。

■ 高校当好人才“蓄水池”

高校作为创新人才培养的主阵地，理应成为数据人才培养的生力军。推进数据技能人才培养，必须发挥高校人才培养主渠道作用，加快数据相关学科专业建设，优化人才培养模式，打造高水平的数据专业教育体系，为输送高素质数据人才打下坚实基础。

一是要科学规划数据学科专业布局。紧紧围绕国家战略需求和区域产业发展，加强数据科学与大数据技术、数据工程、工程算法等专业建设。对接智能制造、数字金融、智慧医疗等重点领域，培育一批特色鲜明、优势突出的数据应用型专业。探索建立数据科学学院，加强学科交叉融合，促进数学、统计学、计算机科学、管理学等多学科协同创新，为培养复合型数据人才提供良好平台。

二是要创新人才培养模式。树立大数据思维，进一步更新教育理念，优化人才培养方案，突出数据技能训练，加强数据伦理教育，强化创新创业能力培养。积极引入企业参与人才培养全过程，推行“订单式”“项目制”等培养模式，增强人才培养的灵活性和适应性。同时，积极利用在线教育平台，创新“线上+线下”混合式教学，打造精品数据课程，提升培养质量。

三是要打造高水平师资队伍。加大力度引进和培养数据领域高层次人才，支持高校与科研院所、行业企业联合培养双师型教师。鼓励高校与国际知名高校合作，选派优秀教师赴国外进修访学，提升教师的国际视野和科研创新能力。健全教师发展通道，完善教师评价激励机制，激发广大教师投身数据领域教学科研的积极性和创造性。

■ 企业做好人才“孵化器”

数据价值的充分释放，归根结底要靠市场主体来实现。因此，企业特别是行业龙头企业，要切实担负起人才培养主体责任，发挥用人主体作用，通过产教融合、校企合作等途径，积极参与数据人才培养，成为数据英才成长的“孵化器”。

首先，鼓励企业成立数据人才培养基地，针对不同层次、不同专业方向开展数据技能培训。加大在职员工数据技能培训力度，完善在职培训制度，推行终身学习、持续教育。对新入职员工开展岗前培训，帮助其尽快适应数据分析、数据应用等岗位要求。同时，鼓励行业龙头企业联合高校开展“订单式”人才培养，为学生提供实习实践岗位，提升人才培养的适应性。

其次，支持企业与高校、科研院所共建联合实验室、研发中心、创新基地，开展数据关键技术攻关。鼓励企业设立数据领域专项奖学金，为高校学生提供科研项目资助。引导企业参与高校数据相关课程开发，推动科研成果转化应用。通过政产学研用多方协同，打通数据人才培养链条，提升人才供给对产业需求的适配性。

最后，建立健全数据人才评价制度，突出以能力和业绩为导向，畅通数据人才发展通道。完善激励政策，在薪酬、职称、股权等方面给予倾斜，调动数据人才的积极性和创造性。优化人才服务，为数据人才在住房、子女教育、医疗保障等方面提供必要支持。塑造尊重劳动、尊重知识、尊重人才、尊重创造的良好氛围，让数据英才创新创业创造活力竞相迸发。

20.3 终身学习拥抱智慧人生

在数字化浪潮中，数据素养已经成为每个人必须具备的基础技能。它不仅关乎职业发展和个人成长，更是全民共享智慧生活的基石。这不仅意味着要学会使用各种数据工具和平台，更重要的是培养一种数据思维，即如何通过数据分析来解决问题、作出决策，并在此基础上进行创新。

数据素养是数字公民的必备修养

在这场数字化变革的浪潮中，无论是国家的治理体系，还是个人的生活方式，都在经历着前所未有的剧变。个人若想在数字时代有很好的发展，必须掌握必要的数据知识和技能。这种新时代公民的必备素质，被称为“数据素养”。

何谓数据素养？简言之，就是公民在数字社会生存发展所必备的一系列数据认知、数据技能与数据价值观的总和。其内涵可以分为三个层次：一是数据意识，即对数据的敏感性和洞察力，能意识到日常生活和工作中无处不在的数据，理解数据对个人、组织、社会的重要性。二是数据能力，即利用数据分析工具和方法，对数据进行采集、管理、分析、应用的技能。三是数据伦理，即在收集、使用数据的过程中所应遵循的道德规范和行为准则，包括尊重他人隐私、数据安全意识等。

综观当下，国民整体的数据素养还有很大提升空间。一方面，许多人对日常生活中的数据视而不见，缺乏基本的数据意识，遑论利用数据为生活、工作赋能；另一方面，由数据引发的伦理问题频发，暴露出公众在数据伦理方面的缺失。可以说，提升全民数据素养已刻不容缓，这不仅事关每个公民的切身利益，更关乎国家数字治理的成败。

作为数字中国建设的重要组成部分，全面提升国民数据素养，要求我们必须树立终身学习数据知识的观念。从娃娃抓起，将数据教育纳入国民教育体系，丰富完善各学段的数据素养教育课程；鼓励高校、科研院所加大数据科普力度，通过公开课、科普讲座、实验体验等方式，拓宽数据知识的传播渠道；充分发挥各级党校（行政学院）、干部学院的优势，将数据素养培训作为各级领导干部和公务员教育培训的重要内容；发挥传统媒体和新兴媒体的融合优势，创新数据知识科普形式，推出一批寓教于乐的融媒体数据科普作品；鼓励社会团体、基层组织广泛开展数据素养教育实践活动，将数据意识内化于心、外化于行。

诚然，终身学习数据知识不能一蹴而就，需要全社会形成合力、持之以恒。但只要我们从娃娃抓起、从身边做起、从点滴做起，厚植全民数据意识的沃土，提升数据治理能力，用数据之光照亮复兴之路，就一定能推动数字中国建设行稳致远。

主动拥抱变革的时代呼唤

"活到老，学到老，学到老还觉着不老。"在知识日新月异的时代，终身学习早已成为普世共识。然而，随着数字技术的加速迭代，知识更新的周期大幅缩短，传统的终身学习观念已难以应对变革的时代节奏。尤其是在数据浪潮的席卷下，数据知识体系的架构和内容正在被不断重构，单纯依靠过往经验、既有知识难以完全把握数据的奥秘。可以说，数据时代对终身学习提出了全新挑战，也带来了崭新机遇。

在世界百年未有之大变局加速演进的当下，面对波谲云诡的国际形势，要敢于在危机中育先机、于变局中开新局，必须主动适应数字时代大潮，引领数字化发展方向，推动数字技术和实体经济深度融合。这对每个人提出了新的要求：要成为善于学习、勇于创新的时代弄潮儿。这就要求我们必须换位思考，跳出惯性思维定式，以开放心态拥抱变革，主动走进数据知识的殿堂，做终身学习数据知识的践行者。

事实上，终身学习数据知识的过程，也是主动应变、化危为机的过程。在外部环境不确定性加剧的背景下，掌握数据这一新型生产要素，利用数据提升产业韧性，增强产业链供应链稳定性，对于我国经济行稳致远至关重要。从个人层面看，在岗位技能数字化转型、就业结构数字化重塑的浪潮下，不断学习数据新知识、掌握数字新技能，是提升就业创业本领、扩大就业增收渠道的有效途径。

主动拥抱变革，需要树立数据思维。这就要求我们必须与时俱进，跳出"经验主义"的桎梏，用数据说话、用数据决策、用数据管理、用数据创新，推动数据驱动型组织变革和业务创新，在加快数字化发展的赛道上奋勇争先。同时，还要保持开放进取的学习状态，善于从海量数据中提炼价值，将数据转化为洞察和行动的驱动力。

■ 数据与教育融合的“新画卷”

在数据成为关键生产要素的今天，将数据与教育深度融合，利用数据赋能教育变革，是教育创新发展的战略选择。一方面，教育是提升国民数据素养的主阵地。将数据知识教育融入国民教育全过程，是培养数字时代合格公民的必由之路。另一方面，数据也为教育改革带来了新的路径和可能。运用大数据优化教学管理、因材施教，用人工智能推进个性化、智能化学习，将显著提升教育质量，让每个人的受教育权利得到更充分保障。可以说，数据为教育插上了腾飞的翅膀，教育则为提升国民数据素养奠定了人才基础。两者相辅相成，共同驱动创新发展。

纵观全球，不少国家已将提升国民数据素养作为国家战略，将数据教育作为基础教育课程的重要内容。例如，英国将编程课程纳入中小学必修课，旨在培养青少年的数据思维；美国则在中小学阶段开设计算机科学课程，帮助学生掌握数据分析工具与方法。我国的教育信息化也取得了长足进步，但在数据素养教育方面仍存在短板，数据知识教育在内容设置、授课方式等方面有待进一步健全完善。对此，中共中央、国务院发布的《中国教育现代化2035》明确提出，要提高学生信息素养，推进信息技术与教育教学深度融合。

未来，要系统设计数据知识学习课程，将其纳入国民教育体系。一是在中小学阶段，开设必修的数据科学课程，重点培养学生的数据思维，帮助学生了解数据分析的基本概念和方法。同时，鼓励开展数据科学社团、竞赛等课外活动，激发学生学习数据知识的兴趣。二是在高等教育阶段，强化数据科学与行业应用相结合，开设跨学科数据分析课程，提升学生运用数据解决实际问题的能力。鼓励高校与企业合作，为学生提供数据实习实践岗位。三是面向社会，推动职业院校、社区教育等面向基层一线开展数据技能培训，强化从业者的数据应用能力。鼓励开展全民数据素养提升活动，营造浓厚的数据学习氛围。

与此同时，要充分发挥数据赋能教育变革的独特价值。利用大数据实现教育精准化。通过采集、分析学生的学习轨迹、学业表现等数据，精准刻画学情，为教师因材施教、个性化教学提供数据支持。利用人工智能推进教育智能化。开发智能教育助手，针对不同学生特点推送个性化学习资源；研发智能作业批改系统，减轻教师工作负担；开发智能教育机器人，创新教学互动方式……数据为教育创新提供了广阔赛道，为推进教育现代化提供了强大动力。

当然，数据助力教育发展，也需要保持清醒和审慎。一方面，要高度重视学生数据安全，在数据采集、传输、存储、使用等环节制定严格规范，最大限度保护学生隐私。另一方面，要坚持以人为本，科学看待人工智能、大数据等技术手段。任何技术都只是教育的辅助工具，教师始终是教育的主导，育人始终是教育的根本任务。在善用数据的同时，更要坚守教育初心，以高尚师德和仁爱之心滋养学生心灵。

党的二十大报告指出，教育、科技、人才是全面建设社会主义现代化国家的基础性、战略性支撑。在数字时代的浪潮中，数据教育与应用创新的深度融合，正在重塑人才培养模式，为教育现代化按下“快进键”。面向未来，持续深化数据教育的供给侧改革，提升人才培养体系的数字化水平，必将为加快建设教育强国、科技强国、人才强国夯实根基。

附 录

附录1：数据要素政策汇编

（一）国家层面

1.《中国共产党第十九届中央委员会第四次全体会议公报》（中共中央2019年10月31日）

2.《关于构建更加完善的要素市场化配置体制机制的意见》（中共中央、国务院2020年3月30日）

3.《关于构建数据基础制度更好发挥数据要素作用的意见》（中共中央、国务院2022年12月2日）

4.《“十四五”数字经济发展规划》（国务院2021年12月12日）

5.《关于加强数字政府建设的指导意见》（国务院2022年6月6日）

6.《全国一体化政务大数据体系建设指南》（国务院办公厅2022年9月13日）

7.《“十四五”大数据产业发展规划》（工业和信息化部2021年11月15日）

8.《“数据要素×”三年行动计划（2024—2026年）》（国家数据局等2023年12月31日）

9.《企业数据资源相关会计处理暂行规定》（财政部2023年8月1日）

10.《关于加强数据资产管理的指导意见》（财政部2023年12月31日）

11.《关于加强行政事业单位数据资产管理的通知》（财政部 2024 年 2 月 5 日）

12.《关于优化中央企业资产评估管理有关事项的通知》（国务院国有资产监督管理委员会 2024 年 1 月 30 日）

（二）地方层面

13.《四川省数据条例》（四川省第十三届人大常委会公告第 127 号 2022 年 12 月 2 日）

14.《关于推进数据要素市场化配置综合改革的实施方案》（四川省大数据中心等 2024 年 1 月 2 日）

15.《浙江省公共数据授权运营管理办法（试行）》（浙江省人民政府办公厅 2023 年 8 月 1 日）

16.《浙江省数据知识产权登记办法（试行）》（浙江省市场监督管理局等 2023 年 5 月 26 日）

17.《江苏省数据知识产权登记管理办法（试行）》（江苏省知识产权局等 2024 年 1 月 10 日）

18.《广东省数据要素市场化配置改革行动方案》（广东省人民政府 2021 年 7 月 5 日）

19.《云南省公共数据管理办法（试行）》（云南省人民政府办公厅 2023 年 12 月 10 日）

20.《广西数据交易管理暂行办法》（广西壮族自治区人民政府办公厅 2024 年 1 月 23 日）

21.《江西省数据应用条例》（江西省第十四届人大常委会公告第 21 号 2023 年 12 月 2 日）

22.《贵州省数据流通交易促进条例（草案）》（贵州省大数据发展管理局 2023 年 8 月 21 日）

23.《关于推进北京市金融公共数据专区建设的意见》（北京市大数据

工作推进小组办公室 2020 年 4 月 9 日）

24.《关于推进北京市数据专区建设的指导意见》（北京市经济和信息化局 2022 年 11 月 21 日）

25.《北京市公共数据专区授权运营管理办法（试行）》（北京市经济和信息化局 2023 年 12 月 5 日）

26.《上海市数据交易场所管理实施暂行办法》（上海市经信委 2023 年 3 月 15 日）

27.《广州市数据条例（征求意见稿）》（广州市政务服务数据管理局 2023 年 7 月 24 日）

28.《深圳市数据交易管理暂行办法》（深圳市发展和改革委员会 2023 年 2 月 21 日）

29.《杭州市公共数据授权运营实施方案（试行）》（杭州市人民政府办公厅 2023 年 9 月 1 日）

30.《长春市数据交易管理办法》《长春市公共数据授权运营管理办法》（长春市人民政府 2023 年 8 月 28 日）

31.《济南市公共数据授权运营办法》（济南市人民政府 2023 年 10 月 26 日）

32.《长沙市政务数据运营暂行管理办法（征求意见稿）》（长沙市数据资源管理局 2023 年 7 月 13 日）

33.《成都市公共数据运营服务管理办法》（成都市人民政府办公厅 2020 年 10 月 26 日）

34.《青岛市公共数据运营试点突破攻坚方案》（数字青岛建设领导小组办公室 2022 年 10 月 26 日）

35.《青岛市公共数据运营试点管理暂行办法》（青岛市大数据发展管理局 2023 年 4 月 25 日）

36.《安顺市公共数据资源授权开发利用试点实施方案》（安顺市人民政府办公室 2021 年 11 月 27 日）

37.《普陀区公共数据运营服务管理办法（试行）》《普陀区公共数据运营服务实施细则（试行）》（上海市普陀区人民政府办公室 2021 年 11 月 24 日）

38.《青浦区公共数据运营服务管理办法（试行）》（上海市青浦区政务服务办公室 2021 年 6 月 3 日）

39.《德清县公共数据运营实施方案》（德清县人民政府办公室 2022 年 8 月 25 日）

（三）国家标准及行业文件

40.《数据资产评估指导意见》（中国资产评估协会 2023 年 9 月 8 日）

41.《信息技术服务　数据资产　管理要求》（GB/T 40685－2021）（国家标准化管理委员会 2021 年 10 月 11 日）

42.《信息技术　大数据　数据资产价值评估》（征求意见稿）（国家标准化管理委员会 2021 年 10 月 13 日）

43.《信息技术　大数据　数据质量等级评价方法》（工作组讨论稿）（国家标准化管理委员会）

44.《信息技术　大数据　数据资产价值评估》（征求意见稿）（中国电子质量管理协会、中国资产评估协会、中国电子工业标准化技术协会 2022 年 8 月 31 日）

45.《数据资产确认工作指南》（DB33/T 1329－2023）（浙江省标准化研究院 2023 年 12 月 5 日）

附录 2：数据资产化典型案例

（一）地方国企数据资产化典型案例

1. 南京城建集团

南京城建集团旗下南京公交集团于 2024 年 1 月成功完成约 700 亿条公共数据资源资产化并表工作，成为江苏省首例。此次入表的数据资产涵盖了历史公交信息及实时数据等关键资源。通过精准评估并表，公司不仅提升了自身的数据管理能力，也为行业的数字化转型提供了可借鉴的范例。南京公交集团完成的数据资产评估入表工作是南京城建集团打造的首笔数字资产。

2. 金牛城投集团

成都市金牛区全面推动数据要素市场化，金牛城投集团率先启动数据资产化探索，成为国内首批完成数据资源入表的企业。集团组建专业团队，攻克数据盘点、确权估值、入表运营等系列难题，以智慧水务监测数据及运营数据等城市治理数据为入表对象，设计打造一批数据应用场景，于 2024 年 1 月 1 日正式完成数据资源入表工作。

3. 青岛华通集团

2024 年 1 月，青岛华通集团将其企业信息核验数据集列入无形资产科目，成为青岛市首个将数据资源入账的企业。整个入账过程涵盖了数据梳理、项目立项、数据治理、项目验收、合规审查、资产登记、价值评价和财务入账八个关键环节，每一步都严格遵循相关制度和标准。在《数据资产价值与收益分配评价模型》标准的指导下，最终形成了数据资产价值评价报告，为数据经济价值的实现提供了明确的方向。

4. 天津临港控股

天津临港控股旗下的临港港务集团和环投数科分别申报的“智脑数字人”和“通信管线运营数据”，于 2023 年 12 月成功获得数据资产登记，成为天津市首批获批的案例。环投数科作为临港控股数字化转型的核心力量，通过整合海量数据资源，积极推动区域产业升级。2023 年，环投数科预计实现收入近 4500 万元，同比增长 76.35%。

5. 成都产业集团

成都产业集团下属成都数据集团于 2023 年 7 月成立，9 月开展“数据资产入表”先行先试。通过多方探讨，总结出“三阶七步”入表方法论，突破实务难题。根据《数据资产入表规定》，成都数据集团作为全市数据要素市场一级开发主体，基于公共数据运营平台数据，经资产认定、合规评估等环节，率先完成数据资产入表。

6. 亦庄投控集团

2024 年 1 月，亦庄控股打造的首套“双智”协同数据集在北京国际大数据交易所注册，实现数据资产入表。作为北京先行区试点企业，亦庄控股 90 多天内完成数据治理、质量评价、价值评估、登记注册、入表入账等环节。数据集覆盖自动驾驶、数字基建、智慧城市三大领域，包含 6 个子集，其中 2 个获 A 级登记，4 个获 C 级登记。

7. 扬子国投集团

2024 年 1 月 24 日，扬子国投率先完成 3000 户企业用水脱敏数据资产化入表，成为水务行业全国首例，也是江苏省首个全流程执行《数据资产入表规定》的案例。扬子国投成立专班，以下属远古水业供水数据为基础，经 10 余轮研讨，规范完成数据资产认定、登记确权、合规评估等环节，将脱敏数据计入“无形资产—数据资产”科目，实现货币度量，对释放数据要素生产力具有重要意义。

8. 天津市河北区供热公司

2024 年 1 月 1 日，天津市首单数据资产入表登记评估完成，河北区供热公司获得登记证书，成为全市首家具备数据资产入表条件的国企。河北区依托天津数据资产登记评估中心，联合多家机构组建工作组，以区供热公司为试点，推进数据资产登记、评估、入表，进一步释放数据要素价值，优化资产负债率，增厚企业利润。

9. 山东政信大数据科技有限责任公司

2024 年 1 月 15 日，山东政信大数据公司通过数据资产评估，获得北京银行 300 万元授信，实现济宁市数据资产融资“零”突破。作为济宁市重点数字科技国企，政信大数据致力于智慧信息化建设、数字经济生态供应链打造等，以数据为核心探索前沿技术应用。此次将企业信用金融数据进行登记，完成确权、审计、评估等，获得济宁首单数据资产质押授信，为打造“济宁模式”奠定基础。

10. 五疆发展工业

五疆发展将化纤制造的质量分析数据进行资产化，通过数据融通模型进行计算和分析。该模型能够实时反馈并调控优化产线的相关参数，从而实现对产品关键质量指标的实时监控和生产过程质量水平的实时评级。这一举措不仅提升了化纤产品的质量，还增强了企业的质量管理能力和经营效率。

11. 贵州勘设生态环境科技有限公司

在贵阳大数据交易所的支持下，贵州勘设生态环境科技有限公司成功将“污水处理厂仿真 AI 模型运行数据集”和“供水厂仿真 AI 模型运行数据集”作为数据资产进行登记。这一举措开创了数据资产化的新局面，强化了环保数据的采集、治理和安全保护，为数据的流通和交易奠定了坚实基础。通过将运行数据集转化为数据资产，公司提升了数据的价值和应用潜力，推动了环境保护领域的数据价值化进程。

12. 临沂铁投城服公司

临沂铁投城服公司将高铁北站停车场的数据资源作为无形资产记录在数据资源科目中，并计入企业总资产，成为临沂市首个企业数据资源入账的案例。通过数据资源盘点梳理、数据资产立项治理、数据资产评估审核以及数据资产入账应用等关键环节，临沂铁投城服公司成功盘活了存量数据资产，为其转型发展奠定了坚实的资本基础。

13. 广东联合电服公司

广东交通集团联合电服公司将高速公路车流量等数据资产入表，成为行业首家、全国首批数据资产入表企业。公司建立数据资产开发、运营、管理体系，并在数据交易所上架产品，实现交易近百万元。作为行业数字化转型标杆，联合电服开创性地将数据资产商业模式探索落地。

（二）数据资产化不同领域国内首个案例

14. 佳华科技——国内首个数据资产质押融资

佳华科技两个大气环境质量监测数据资产参与评估试点，由中国电子技术标准化研究院、北京市大数据中心、北京国际大数据交易所、国信优易数据及中联资产评估集团组成的工作组进行考评。2022 年 7 月，在全球数字经济大会上发布评估报告，两个项目的数据资产值达 6000 多万元。据披露，佳华科技面向 180 余家政企客户提供环保数据服务，全部环保数据资产预估值逾 50 亿元。

15. 青岛北岸控股集团有限责任公司——国内首个数据资产作价入股

2023 年 8 月，青岛华通智研院、北岸控股集团、翼方健数三方在青岛举行的 DataX 大会上进行全国首例数据资产作价入股签约。本次入股路径分四步：一是对合规数据资产登记；二是依据《数据资产价值与收益分配评价模型》标准评价数据资产质量；三是评估数据资产价值；四是三方合力推动数据资产作价入股合资公司。

16. 天津数据资产登记评估中心——国内首个地方数据资产登记中心

天津市河北区联合国家信息中心组建天津数据资产登记评估中心，2023 年 8 月揭牌。该中心采用“政府授权 + 市场化运营”模式，开展数据资产登记、合规认定、治理、评价、评估、审计、入表、金融及培训等数据要素价值链综合服务，旨在规范数据资产评估方法和流程，培养相关人才，推进数据资产登记评估配套建设。

17. 上海建行——国内首笔数据资产质押贷款

建行上海分行联合上海数据交易所，为科创企业发放了全国首笔基于“数易贷”服务的数据资产质押贷款。通过对借款企业数据资产进行确权、评估、质押、贷款“全流程贯通”，建行上海分行打通了金融服务实体经济的“最后一公里”，开启了数据要素金融化的新路径。

18. 浙江新兴科技公司——国内首单电力行业数据资产价值评估

受国网浙江新兴科技公司委托，浙江大数据交易中心联合相关机构，成功完成了“双碳绿色信用评价数据产品”的市场价值评估工作。这是全国首例针对电力行业数据资产进行市场价值评估的案例。此次评估创新地采用了市场法公允价值与成本法相结合的方法，为数据交易所提供了可靠的市场参考价。

19. 杭州高新金投——国内首单数据知识产权证券化产品

杭州高新金投发行全国首单包含数据知识产权的证券化产品。通过征集基础资产、开展资产评估、设计交易结构、完成簿记发行等环节，盘活了存量知识产权资产，拓宽了企业融资渠道。这一创新有利于完善多层次资本市场，为数字经济发展提供金融动力。

20. 广西电网——国内首单数据信托产品交易

广西电网与中航信托、能科公司签署数据信托协议，并在北部湾大数据交易中心完成国内首笔电力数据产品交易。通过确定信托模式、委托专业开发、产品上架交易、完成首笔交易等环节，开创了数据要素市场化配置的新模式，为数据供需双方的精准对接提供了创新路径。

21. 人保财险西安分公司——国内首单数字资产保险

人保财险西安分公司联合多家机构共同发布国内首单数字资产保险，为企业数字资产提供了总额1000万元的保障。通过搭建创新平台、开展数字资产确权、评估数字资产价值、设计保险产品、正式签约承保等环节，人保财险西安分公司开创了数字资产保护的新局面。

22. 苏州先导产投——国内首单车联网数据资产入表

先导（苏州）数字产业投资有限公司成功完成30亿条智慧交通路侧感知数据资产化并表，成为全国首单车联网数据资产入表案例。通过数据资产盘点、合规评估、价值评估、上架交易、融资授信等环节，先导产投总结出数据资产入表“七步法”，推动车联网行业数据资产化进程。

（三）公共数据授权经营案例

23. 北京模式

北京采取场景驱动的公共数据授权模式，强调专区授权运营而非大一统打包。2020 年 4 月，北京发布意见推进金融公共数据专区建设，授权具备条件的国企对专区及金融公共数据运营，接受相关部门指导监管。北京市经信局据此授权北京金控集团建立专区，其下属公司利用公共数据与银行合作开发贷款产品，促进资金流通，还推出企业征信平台。北京的监管采取市区政府为核心，经信部门会同相关部门，以政府工作机制为纲，多维度垂直监管区域内公共数据运营。

24. 上海模式

上海模式是数据驱动模式，将区域全部数据打包授权一个运营商。2022 年 9 月上海数据集团成立，运营政府数据，由政务信息资源平台向其提供数据，其形成数据产品服务后提供给数据使用单位。实质是将政府数据作为国资进行市场化运营。上海建立了以市政府办公厅为核心，市大数据中心监管被授权运营主体日常经营，办公厅协同网信等部门对数据应用场景合规审查的垂直加横向交叉监管架构。

25. 广州模式

2023 年 7 月，广州发布数据条例征求意见稿，提出由政府授权公共数据运营机构负责全市公共数据运营，搭建运营平台向数据商提供数据开发利用环境和服务。征求意见稿引入“数据商”概念，推动南沙粤港澳数据服务试验区建设。数据商可通过平台开发利用公共数据，按政府指导价有偿使用，所形成产品服务可依法交易。征求意见稿还提出建立多方参与的数据要素市场。目前广东已成立广州和深圳两家数据交易所。

26. 四川德阳模式

德阳采取数据交易中心模式进行公共数据授权运营。2021 年经政府批准成立德阳数据交易中心，由德阳数发集团全资控股，开展数据运营、开发、评估、交易等业务，承担构建三级数据交易体系，制定交易规则和管理办法，引导数据商进场交易，打造西南一流数据流通交易平台。已形成金融类案速裁、产业经济分析、类供应链金融等应用。目前入驻数商 78 家，交易笔数 36 笔，金额 2894 万元，数据元件 1524 个。依托平台打造线上融资服务渠道，提升普惠金融服务可得性便捷性，并通过多源数据整合分析构建风控模型，提高授信准入精准性。

（四）数据资产化创新实践案例

27. 新晃首例乡村数据资产授信

新晃县政府联合多方推进黄牛产业数字化转型，企业开发了“晃牛保”等数据产品。新晃农商行与企业签署了首例数据资产无抵押融资协议，为企业授予 1000 万元授信额度。此举开创了县域特色产业数据要素商业化运作的新模式，为乡村振兴注入金融活水。

28. 衡水生态携手中节能开发绿色数据产品

衡水市生态环境局与中节能数字科技联合研发了“企业绿色等级评估”等数据产品，通过数据资产化盘活环保数据资源，为金融机构识别绿色企业、控制环境风险提供了有力抓手。数据产品成功“牵手”金融机构，将引领更多数据要素流向绿色产业。

29. 北京建院首创建筑数据资产入表

北京市建筑设计研究院与北京国际大数据交易所合作，开展了建筑数据资产模拟入表试点。通过数据资源盘点诊断、模拟入表、登记认证、要素市场化配置等环节，实现了建筑数据资产的“活化”，并探索与科创企业合作，推动建筑数据与新技术融合，为建筑行业数字化变革提供新动能。

30. 厦门建行完成首笔数据资产贷款

厦门建行联合厦门数据交易所，为科创企业发放了首笔 350 万元“数信贷”。建行通过数据资产盘点、评估、确权，创新采用多重增信措施，并通过物联网、区块链等技术手段进行贷后监测。此举开创了数据资产化、资本化的新路径，以科技金融为轻资产科创企业打开了融资“大门”。

31. 民生银行数据资产融资对接会

民生银行东莞分行联合多方机构举办“数据资产融资对接会”，此前该行为通莞科技发放了585万元数据资产无抵押贷款，开创了当地数据资产融资先河。通过搭建金融、科技、实体经济桥梁，民生银行破解了中小企业融资难题，为数据价值变现开辟了创新路径。

32. NOVA发布AI平台破解企业数据应用难题

有数科技联合多方合作伙伴发布了NOVA数据资产增值AI平台。该平台利用AI算法挖掘高价值数据应用场景，为企业量身定制个性化数据应用解决方案，并打通数据交易变现通道。NOVA平台的推出，为企业破解数据应用难题、加速数据价值变现开辟了新路径。

33. 浙江率先探索区块链数据资产质押融资

浙江省率先探索基于区块链的数据资产质押融资模式。企业将数据资产进行区块链存证并签订许可使用协议后，与银行签订数据质押协议，获得贷款支持。此举以制度创新激发了数据要素活力，为全国数据资产化积累了宝贵经验。

34. 合肥发行全省首张数据资产会计凭证

合肥市大数据公司开具安徽省首张数据资源入表会计凭证，实现全省首单数据资产入表。通过数据盘点整合、清洗加工入库、资产确认计量、入表处理、产品上架交易等环节，突破了传统会计核算局限，在财报中据实反映数据资产价值，夯实了数字化转型根基。

35. 宿迁实现首笔数据知识产权交易

宿迁市积极探索数据知识产权运用保护，江苏钟吾大数据发展集团开发的数据产品通过数据知识产权登记，并在华东江苏大数据交易中心入场交易，实现8万元交易额，开创了宿迁数据知识产权运用场景的首笔登记数据交易成功案例。

36. 无锡梁溪多家企业数据资产入表

无锡市梁溪区积极探索数据资产化路径，辖区内多家企业相继完成数据资源“入表”。梁溪区制定标准、明确要点、指导实施、开展培训等系列举措，推动了一批企业的数据资产化落地，激发了数据资源价值，为数字经济发展蓄积了新动能。

37. 河南大河财立方数据产品落地

大河财立方旗下财立方数科研发的“财金先生”和“立方招采通”两款数据应用产品通过数据产权登记，成功亮相郑州数据交易中心。通过内容、数据、算法、场景的融合创新，财立方数科构建起“内容 + 服务 + 产品”的全新业态形态，开创了财媒数智服务的新生态。

38. 扬州罗思韦尔获省首笔数据知识产权质押贷款

扬州市迎来首笔数据知识产权质押融资落地，苏州银行为罗思韦尔批复1000万元授信额度。通过企业数据资产确权、质押融资申请、风险评估与授信审批、质押合同签订与贷款发放等流程，扬州开创了数据资产化的新局面。

39. 温州率先探索企业数据资产登记管理

温州市财政局以温州大数据公司数据资源为实例，率先探索数据资产管理，实现数据资产确认登记全省首单。通过理论结合实践、多方协同发力、聚焦企业关切、创新管理方式、示范引领作用等创新举措，温州为全省数据资产管理提供了可复制、可推广的范例。

40. 重庆打造西部首批智慧停车数据资产入表

巴渝数智公司携手多方机构，打造西部地区首批智慧停车数据资产入表范例。通过数据资源盘点治理、上链存证、资产确权估值、入表开发运营等关键环节，盘活智慧停车数据资产，助力巴南区抢抓数字经济发展机遇。

41. 泉州市大数据公司成为福建首家数据资产入表企业

泉州市大数据公司率先完成“泉数工采通数据集”资产入表，成为福建首家数据资产入表国企。公司在数据合规确权、资产入表前期准备等关键环节开展实践，形成可复制推广的“泉州模式”，并规划建设“大数据交易服务平台”，领跑泉州数字经济发展。

参考文献

1. 张亮编著：《中台落地手记：业务服务化与数据资产化》，机械工业出版社 2021 年版。
2. 段伟常、刘耀军、易福华：《数字供应链金融：数字孪生与数据资产化》，电子工业出版社 2024 年版。
3. 蒋麒霖、郭丹：《数据资产：企业数字化转型的底层逻辑》，机械工业出版社 2023 年版。
4. 朱晓武、黄绍进：《数据权益资产化与监管：大数据时代的个人信息保护与价值实现》，人民邮电出版社 2020 年版。
5. 中国电子技术标准化研究院编著：《数据资产评估指南》，电子工业出版社 2022 年版。
6. 吴晓倩：《论个人数据上的权利构造》，中国社会科学出版社 2023 年版。
7. 梅宏主编：《数据治理之路：贵州实践》，中国人民大学出版社 2022 年版。
8. 火雪挺：《数权时代》，电子工业出版社 2023 年版。
9. 华东江苏大数据交易中心：《数据要素安全流通》，机械工业出版社 2023 年版。
10. 钟大伟、高铎、王鹏、宋超：《数据应用工程：方法论与实践》，机械工业出版社 2022 年版。
11. 中国石油集团共享运营有限公司：《共享服务 3.0：驱动企业数字化转型的源动力》，中国人民大学出版社 2024 年版。

12. 何宝宏：《数字原生》，中译出版社 2023 年版。
13. 雷万云、韩向东：《数字化转型认知与实践》，清华大学出版社 2023 年版。
14. 任寅姿、季乐乐：《标签类目体系：面向业务的数据资产设计方法论》，机械工业出版社 2021 年版。
15. 付登坡、江敏等：《数据中台：让数据用起来》（第 2 版），机械工业出版社 2024 年版。
16. 唐斯斯、张延强：《数字社会治理：数字信用和数字规则》，电子工业出版社 2023 年版。
17. 肖潇雨、贾雷、胡鑫、靳强、南海涛：《数据价值与定价》，电子工业出版社 2024 年版。
18. 沈建光、金天、龚谨：《产业数字化》，中信出版集团 2021 年版。
19. 方伟：《金融科技 2.0：从数字化到智能化》，人民邮电出版社 2023 年版。
20. 韩向东主编：《数据中台：赋能企业实时经营与商业创新》，人民邮电出版社 2023 年版。
21. 车品觉：《数循环：数字化转型的核心布局》，北京联合出版公司 2021 年版。
22. 高峰、周伟华：《基础革新：数字化促进新基建》，浙江大学出版社 2022 年版。
23. 新商业学院主编：《数智驱动新增长》，电子工业出版社 2021 年版。
24. 程旺编著：《企业数据治理与 SAP MDG 实现》，机械工业出版社 2020 年版。
25. 山金孝、李琦：《融合：产业数字化转型的十大关键技术》，中译出版社 2023 年版。
26. 陈其伟、左少燕、李圆：《数字化黄金圈：企业数字化蓝图与行动指南》，人民邮电出版社 2022 年版。
27. 梅宏主编：《数据治理之论（数据治理系列丛书）》，中国人民大学出版社 2020 年版。

28. 黄奇帆、朱岩、邵平：《数字经济：内涵与路径》，中信出版集团 2022 年版。
29. 白涛、单晓宇、褚楚：《数字化转型模式与创新：从数字化企业到产业互联网平台》，机械工业出版社 2022 年版。
30. 龚粪、李志男、张微：《数字经济大变局》，世界图书出版公司 2023 年版。
31. 中国信息化百人会：《数据生产力崛起：新动能·新治理》，电子工业出版社 2021 年版。
32. 吕红波、张周志主编：《数字经济：中国新机遇与战略选择》，东方出版社 2022 年版。
33. 张莉主编：《数据治理与数据安全》，人民邮电出版社 2019 年版。
34. 思二勋：《分布式商业生态战略——数字商业新逻辑与企业数字化转型新策略》，清华大学出版社 2023 年版。
35. 顾生宝编著：《数据决策：企业数据的管理、分析与应用》，电子工业出版社 2020 年版。
36. 许可、冯怡、李鑫、王筑、马涛、李文娟、张瑞卿、虞戌明：《赢战数智时代：国有企业战略转型的方法与路径》，人民邮电出版社 2023 年版。
37. 张建锋：《数智化：数字政府、数字经济与数字社会大融合》，电子工业出版社 2022 年版。
38. 李洋：《产业数字化转型精要：方法与实践》，人民邮电出版社 2022 年版。
39. 王汉生：《数据资产论》，中国人民大学出版社 2019 年版。
40. 李正茂、雷波、孙震强、王桂荣、陈运清：《云网融合：算力时代的数字信息基础设施》，中信出版集团 2022 年版。
41. 郭为：《数字化的力量》，机械工业出版社 2022 年版。
42. 金巍：《数字文化经济浪潮》，中译出版社 2022 年版。
43. 大数据战略重点实验室：《块数据 5.0：数据社会学的理论与方法》，中信出版集团 2019 年版。
44. 刁生富等：《重估：大数据与治理创新》，电子工业出版社 2018 年版。

45. 张靖笙、刘小文编著：《智造：用大数据思维实现智能企业》，电子工业出版社 2019 年版。
46. 武志学编著：《大数据导论：思维、技术与应用》，人民邮电出版社 2019 年版。
47. 孟小峰等编著：《数据隐私与数据治理：概念与技术》，机械工业出版社 2023 年版。
48. 陈晓华、吴家富主编：《数字经济大变革》，电子工业出版社 2023 年版。
49. 娄支手居：《第四产业：数据业的未来图景》，中信出版集团 2022 年版。
50. 武良山、王文韬编著：《产业数字化与数字产业化》，中译出版社 2022 年版。
51. 马颜昕等：《数字政府：变革与法治》，中国人民大学出版社 2021 年版。
52. 杨卓凡、郭鑫：《数字产业新赛道》，电子工业出版社 2024 年版。